深海生物

CREATURES OF THE DEEP

［美］埃里克·霍伊特　著

张　飒　译

上海科学技术文献出版社
Shanghai Scientific and Technological Literature Press

图书在版编目（CIP）数据

深海生物 /（美）埃里克·霍伊特著; 张飒译 . —上海：
上海科学技术文献出版社，2024
ISBN 978-7-5439-8992-4

Ⅰ . ①深 … Ⅱ . ①埃 … ②张 … Ⅲ . ①深 海 生
物 Ⅳ . ① Q178.533

中国国家版本馆 CIP 数据核字（2024）第 023984 号

Creatures of the Deep

选题策划：张　树
责任编辑：苏密娅　张雪儿
封面设计：留白文化

深 海 生 物
SHENHAI SHENGWU
[美]埃里克·霍伊特　著　张　飒　译
出版发行：上海科学技术文献出版社
地　　址：上海市长乐路 746 号
邮政编码：200040
经　　销：全国新华书店
印　　刷：商务印书馆上海印刷有限公司
开　　本：787mm×1092mm　1/16
印　　张：18
版　　次：2024 年 3 月第 1 版　2024 年 3 月第 1 次印刷
书　　号：ISBN 978-7-5439-8992-4
定　　价：228.00 元
http://www.sstlp.com

目　录

致 谢

　　这本书的第一版和我的另外两本探索深海的书——《古怪的海洋生物》（2013，儿童版）和《奇怪的海洋生物》（2020）广受好评，使我有了巨大的热情来完成这本更新版的《深海生物》。

　　首先，我必须感谢那些正在慢慢揭开深海生物奥秘的科学家。如果没有稳步涌现的新发现，就没有必要跨越广袤的大洋，潜入我们星球的最深水域，进行又一次新奇探险。另外，本质上我们都要感谢这些生物本身，它们激起我们如此强烈的好奇，并且年复一年，以惊人稳定的速度现身——自2000年以来，每年都有2 000个新物种被发现。

　　此外，我特别要感谢特蕾西·里德和文字编辑苏珊·狄金森，以及萤火虫出版社的利昂内尔·科夫勒和迈克尔·沃雷克，他们使本书的出版成为可能。以上所有人都参与了《深海生物》第一版的出版，所以有很强的连续性。我还要感谢萤火虫出版社的基帕·肯纳德，她负责协调照片，并为本书制作的每一个环节提供便利。感谢设计师哈特利·米尔森、插图师乔治·沃克尔、索引编写者吉利恩·沃茨和所有摄影师，特别是戴维·夏尔，感谢他在他的深海图片背景细节上给予我们不遗余力的帮助。感谢珊德拉·斯托奇为索尔温·赞柯尔的照片提供了背景。感谢艾丽卡·菲茨帕特里克对伍兹霍尔海洋研究所的图片提供了巨大的帮助。在本书最后一节中，我对生物多样性、保护区和鲸鱼保护的激情和一些思考要归功于很多朋友和同事，包括：

　　冯迪·阿加迪、吉尔·布劳利克、乔恩·戴、河合晴义、卡特里娜·兰弗迪、吉安娜·明顿、西蒙娜·帕尼加达、奥尔加·提托娃、玛格丽塔·扎纳德利、杰夫·阿德龙、雷吉娜·阿斯穆蒂斯-席尔维亚、布拉德·巴尔、迈克·博斯利、亚历山大·伯丁、克里斯·巴特勒-斯特劳德、萨拉·多尔曼尼古拉斯·恩特鲁普、伊万·费杜廷、奥尔加·菲拉托娃、船桥直子、克里斯蒂娜·杰尔德、尼古拉·霍金斯、米格尔·伊尼格斯、塔尼娅·伊夫科维奇、克里斯汀·卡斯纳、戴维·马蒂拉、娜奥米·麦金托什、卡拉·米勒、米哈伊尔·纳加伊利克、彼得·普尔、玛吉·普里多、帕特里克·拉马奇、兰德尔·里夫斯、洛伦佐·罗哈斯·布拉乔、马克·西蒙兹、利兹·斯鲁顿、布莱恩·史密斯、迈克尔·泰特利、瓦内萨·托森伯格、小何塞·特鲁达·帕拉佐、罗布·威廉姆斯、瓦妮莎·威廉姆斯-格雷、爱德华·O.威尔逊、艾莉森·伍德，特别是我在世界自然保护联盟海洋哺乳动物保护区工作组的联合负责人——朱塞佩·诺塔巴托洛·迪·夏拉。我想对加拿大纽芬兰和拉布拉多纪念大学的生物海洋学家保罗·斯内尔格罗夫表示最深切的感谢，他通读了全书并给出了极好的建议和更正意见。此外，查理·胡弗尼尔斯对有关鲨鱼的部分提供了宝贵意见。当然，如果还有任何错误，那都要归咎于我自己。

我们对这一版的热情和信念来自海洋本身，以及分享对这一陌生、深邃的世界新见解的愿望。

——埃里克·霍伊特
英国多塞特郡布里德波特
2021 年 4 月

作者题记

你以为我只会找到渗出的黏液……

而我却发现了一个新世界！

——H. G. 威尔斯《凝望深渊》

2001 年，当《深海生物》第一版出版时，我曾写道，我们正开始一个发现深海的伟大世纪。这一预言正在实现中。2007 年，新西兰附近的渔民将人类所见过最大的大王鱿（*Architeuthis dux*）拖到海面上（尽管在其自然栖息地仍未观察到活体）。2010 年，研究人员报告了海洋生物普查结果，这是一项长达 10 年的海洋生物调查，描述了大约 6 000 个潜在的新物种，这些物种主要分布在深海。不久之后，科学家将被命名并为科学界所知的海洋物种数量从 22 万增加到 24 万，增加了 2 万个新物种。通过 2012 年从日本出发的探险，我们得以看到第一个活体大王鱿的视频。同样在 2012 年，时隔 50 年之后，我们得以对海洋最深处——马里亚纳海沟——进行了第二次载人探访，此事由电影导演詹姆斯·卡梅隆（James Cameron）完成。随后，在 2019 年，美国探险家维克多·韦斯科沃（Victor Vescovo）第一个将潜水艇下放到五大洋中每一洋的最深海沟中，包括马里亚纳海沟。

还有很多很多。例如，2006 年，在北极圈的格里姆西岛附近的北冰岛大陆架上，威尔士班戈大学的研究人员打捞出了他们认为有 400 年历史的北极圆蛤（*Arctica islandica*）的一些样本。其中一只蛤的年龄随后被确定为 507 岁，这一点通过碳测年得到了证实。作为寿命最长且能被准确确定的非群居动物，这只蛤被命名为"明"，以

橡子蠕虫，学名紫色尤达虫（*Yoda purpurata*），肠鳃类，以海底沉积物为食，于 2010 年在大西洋中脊上方被发现，并于 2012 年被命名。肠鳃类同时具有无脊椎动物和脊椎动物的解剖学特征。一些进化生物学家认为脊椎动物可能由它产生。

根据威尔士班戈大学的研究人员，生活在冰岛以北、靠近北极圈的北极圆蛤至少有400年的寿命了，而且在某些情况下可以活过500年。

致敬它在中国明代就诞生了这一事实。虽然我们无从知道，如果被留在海底，"明"还会继续活多久，但它的发现确实让我们想知道，在冰岛以北的寒冷水域中，能发现什么长寿和幸福生活的秘密。

在深海热液喷口周围，研究人员发现了鳞足蜗牛——一种脚上覆有硬鳞的腹足纲动物，能承受高温环境——以及毛茸茸的雪人蟹。这种2005年在南太平洋发现的螃蟹长有一层毛，这似乎奇怪而不合时宜，因为雪人蟹生活的地方附近有超临界水（其物理特性介于气体和液体之间）从海底喷口最热的地方涌出，温度高达464 ℃。而且，并不只发现了一只雪人蟹，而是有好几只，可能还有很多，而且不同的种类似乎生活在不同的热液喷口处。

在所谓的冷喷口或冷甲烷渗漏处也发现了雪人蟹，在这些地方，水从海床输送溶解的元素。俄勒冈州立大学的安德鲁·瑟伯（Andrew Thurber）和他的同事们在2006年哥斯达黎加沿海的"阿尔文号"潜艇巡航中发现了一个引人注目的新雪人蟹种——普拉维

达雪人蟹（*Kiwa puravida*）。作为一名微生物专家，瑟伯研究了这种新的雪人蟹是如何有节奏地摆动其螯足——上面覆盖着浓密的刚毛和外生细菌的钳子——生活在甲烷涌流上方。它的生活方式似乎是一种与细菌的共生，科学家认为雪人蟹是在养殖这些细菌：照料它们，养育它们，也许还吃掉它们，就像蚂蚁看管被制服的蚜虫，以蚜虫的含糖分泌物为食，并在必要时吃掉它们。

　　许多这种"微型动物群落"的故事揭示了微生物——细菌、古菌和其他大部分被称为原生生物的单细胞生物——的生活，它们与鱿鱼、水母和浮游动物共生，提供食物来源、交流的光线及其他。微生物非常顽强，它们可以生活在海底 580 米以下的深海岩石中。

　　对海洋生物多样性的估计大多在 100 万种左右，但据一些生物学家说，1 000 万种也并非不可能。显然，我们才刚刚开始这场努力了解海洋物种和它们之间关系的大冒险。如果每个物种都有一个故事，那么一个生态系统就像一部多层次的史诗小说，详细描述了

基瓦属未定种（*Kiwa sp.*）的雪人蟹生活在热液喷口周围，如西南印度洋的龙旂热液区。它似乎将收集在其多毛底部的化合菌作为食物来源。

作者题记　　　3

座头鲸在近海水域觅食和繁殖，有时会被渔具缠住——在这个案例中，是在夏威夷沿岸设置的蟹笼线。尽管有一些成功的解救计划，但估计每年有30万头鲸鱼和海豚意外地死在世界各地海洋中的渔网、鱼线和其他渔具上。

其中人物之间的关系。作为背景，海洋拥有我们星球上最广泛以及一些最丰富的生态系统。

生态系统是一个模糊的词，被过度使用却没有被很好地理解。《牛津词典》将其简单地定义为"一个由相互作用的生物体及其物理环境组成的生物群落"。就我们的目的而言，这意味着海洋中的所有生命，以及海洋自身，包括海山、海沟、大洋中脊和漂浮在深海中的营养物质，海洋生态系统是上述所有及其相互作用的网络。问题是：一个生态系统起止于哪里？一些讨论将一个生态系统限制在一个小空间内，大约是一个房间、一栋房子或一个社区的大小；其他的则将整个海洋生态系统视为一个系统；而还有一些人，如科学家詹姆斯·洛夫洛克（James Lovelock），将地球及其大气视为一个生态系统。

我们在这里讨论的生态系统介于这些极端之间。一个很有用的方法是，我们可以从一只动物、其相互作用的生物群落及其物理环境的视角来考虑一个生态系统。对于从海底过滤物质的海参来说，这一环境可能相对较小。但是对于一只寄生在一年迁移两次、一次约8 000千米的座头鲸（*Megaptera novaeangliae*）上的藤壶来说，这就显然是相当广阔的范围了。然而，即使是在海底行动迟缓的海参，也会依靠可能从11千米以上的海面漂流下来的物质。虎鲸（*Orcinus orca*）的生态系统可能延伸到会沿河逆流而上数千千米的猎物，如鲑鱼。

当然，这不仅仅是我们对这个星球上丰富的生态系统感到好奇和高兴的问题，尽管这已经足够了。当我着手写这本书的第一版时，我决心揭开关于真实的和想象中的深海怪物的故事，而且如果可能的话，我甚至要为这些怪物的形象平反。随着时间的推移，公众对一些怪物的看法确实已经向好的方面转变，而另一些怪物则常年被视为怪物，不管是否有理由。这些生物的大小从微小的微生物到大王鱿不等。有些是传统意义上的丑陋但无害，其他的则是美丽但危险。然而，毫无疑问，在这些"怪物"中，有潜在的医药来源，也有可能启发未来发明、创新和艺术创作的生命策略和基因设计的例子。在任何情况下，这些和其他生命形式都有固有的生命权。

同时，人类继续给许多海洋物种施加令人难以置信的生命威胁。由于污染、捕猎、海上相撞事故、渔具缠绕、噪声、不加区别的过度捕捞，以及最严重的，商业渔民的意外捕获造成的伤害和死亡，许多海洋生物种群减少甚至完全灭绝了。所谓的误捕渔获包括每年估计30万头的鲸鱼和海豚、数百万条鲨鱼和难以计数的海龟、海豹和鱼类。因此，我们正在与问题赛跑，要抓紧识别问题和解决问题，与此同时我们也在努力更好地了解我们可能正在威胁甚至要失去的物种。

◆

序　言

《怪物：在深海中活得很好》——这份报纸的标题很说明问题。它可以出现在 2021 年、1921 年、1821 年，或者，如果那时已经发明了日报的话，也可以出现在公元前 321 年的古希腊。这样的标题无穷无尽，而且可以追溯到几百年前，本质上反映了同样的思想。

很少有人类的信念比怪物潜伏在深海中的想法更基本和历史悠久。数世纪以来，随着我们对深海已知界限的了解程度增加，所谓的海怪也变了，但名单的总体长度并未缩短。鲸鱼曾被认为是海怪。Cetacean（鲸类）一词是所有鲸鱼、海豚和鼠海豚的名称，它的古希腊语词源是 *kētos*，而这个词还有一个翻译是"海怪"。对于鲸鱼来说，从海怪到友好的海洋哺乳动物这一转变发生在 20 世纪末，随着人们开始更多地了解鲸鱼，它们逐渐受到欢迎。而对于许多鲨鱼和魟来说，类似的转变正在发生。水手曾经对姥鲨（*Cetorhinus maximus*）和鲸鲨的张大嘴滤食的策略惊恐万分，因为这看起来像一种攻击姿势，但现在这两种吃浮游生物的鲨鱼已经成为人们好奇的对象，而不是被讨厌和误解的生物。优雅的蝠鲼曾被称为魔鬼鱼，据说它能抓住船锚，把船拖入深海。游泳者很害怕他们会被蝠鲼的大鳍包围再被囫囵吞下。而今天，潜水员与蝠鲼和其他魟一起玩耍，惊叹于它们腾出水面，像空中艺术家那样的表演。

某些鲨鱼，如白鲨（*Carcharodon carcharias*）、虎鲨和双髻鲨，

在墨西哥南下加利福尼亚的卡波普尔莫国家海洋公园，芒基蝠鲼（*Mobula munkiana*），亦名侏儒鬼蝠魟，飞出水面。1987 年，意大利科学家朱塞佩·诺塔巴尔托洛·迪·夏拉（Giuseppe Notarbartolo di Sciara）发现了它。芒基蝠鲼经常多达数万地聚集在海岸附近。

对大多数人来说仍然属于海怪的范畴，不过即使是这些动物也越来越引起人们的同情。1975 年的电影《大白鲨》改编自彼得·本奇利（Peter Benchley）的畅销小说，可能是很好的娱乐产品，但它灌输了对鲨鱼的普遍恐惧和仇恨，并鼓励人们屠杀鲨鱼——它们的形象可不讨好。然而，这本书和这部电影还是激发了人们对鲨鱼的好奇心，其中一些关注反过来引起了对它们的同情。无论如何，在后《大白鲨》时代，鲨鱼的保护已经变得至关重要。随着越来越多的人对鲨鱼有所了解——就像之前对鲸鱼一样——人们开始意识到，只有少数动物个体会攻击人，即使是白鲨，这种攻击也很罕见。曾经被称为"大白鲨"的这一物种，现在被简单地称为"白鲨"，部分原因是为了消除长期以来附加在原来名字上的负面含义。在过去的几十年里，尽管有数以百万计的人在海里游泳、潜水、冲浪和划船，但每年全世界仅有大约 80 起鲨鱼袭击人类的记录，平均不到 5 人死亡。

20 世纪 70 年代末，在大多数公众不知道的情况下，一批新的怪物开始出现，包括巨大的管虫和奇怪的螃蟹、蜗牛以及其他生物。它们生活在没有阳光的海洋深处，在富含硫磺的热液喷口处生机勃勃地繁衍。管虫实际上从生活在其肉茎中的食硫细菌那里获取能量。随着这些热液喷口处生命的发现成为科学界的头条新闻，新的怪物故事开始流传，这次是由科学家自己讲述的。

从那时起，科学家就开始寻找并研究许多其他深海生物。1995 年，《时代周刊》用一张封面照片宣布了深海研究的新前沿，照片中的深海鮟鱇（俗称琵琶鱼）展露着满口钢针般的牙齿、生物荧光的拟饵和碟状的眼睛，貌似很凶恶。从那时起，每隔几年，流行杂志和水族馆展览都试图提升深海的声望，成功率参差不齐——公众强烈的好奇心被激发，但这足以让人们真正了解海洋吗？例如，"海洋生物普查"雄心勃勃的 10 年项目（2000—2010），寻找和识别深海中的新物种，使公众注意到成千上万的深海物种。这是一个开端，但仍有数十万，也许数百万的物种有待发现、命名和研究。

有些"海怪"既古老又现代，但我们对它们仍然知之甚少，大王鱿位居榜首。2004 年 9 月，大王鱿首次在日本小笠原群岛附近

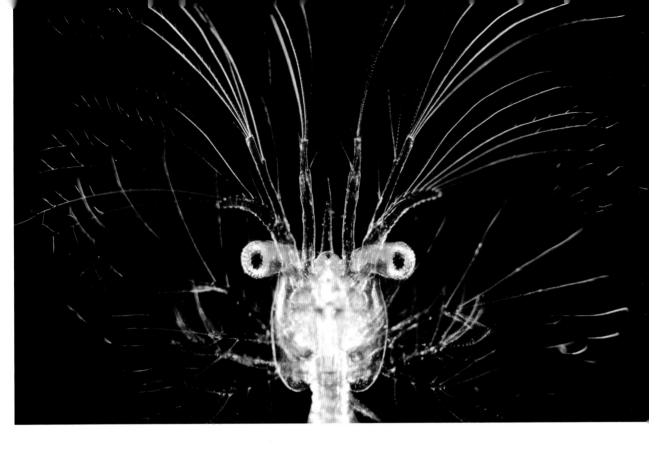

被拍到活体照片。这种生物一直是科考的主题；科学家试图在其自然栖息地研究它，想知道在总是面临数十万抹香鲸（*Physeter macrocephalus*）饥饿追逐的大王鱿的生存秘诀是什么。一头抹香鲸估计每周能吃一两只大王鱿，但还没有人记录过大王鱿对战抹香鲸的终极较量。除了大王鱿，还有各种大小、样貌、行为不同，且生活在深度不一的水中的所谓怪物，包括桨鱼、海蛇、囊咽鱼、线口鳗以及大王酸浆鱿（*Mesonychoteuthis hamiltoni*）等。

　　人类传统上对作为大型捕食者的海怪怀有最大的敬畏、恐惧、憎恨甚至还有蔑视。虽然许多牙齿巨大或有毒的海洋生物确实需要人们敬而远之，但这绝不意味着它们是怪物或可憎的。

　　关于什么是"怪物"的观念是与时俱进的。也许这种观念反映了对未知或知之甚少的事物的恐惧。误解或某种知识的缺乏使人类得以发挥想象力来填补空白，不受科学和真实自然史的束缚，从而将一些生物提升到了海怪的地位。

　　monster（怪物）这个词来自古法语／中古英语 monstre，而

一种樱虾属（*Sergestes*）的十足甲壳类生物的海洋幼虫形态，生活在大西洋中约 3 000 米的深度。这种十足甲壳类动物有高度分叉的精细触须，使它能够漂浮在深海水柱中。

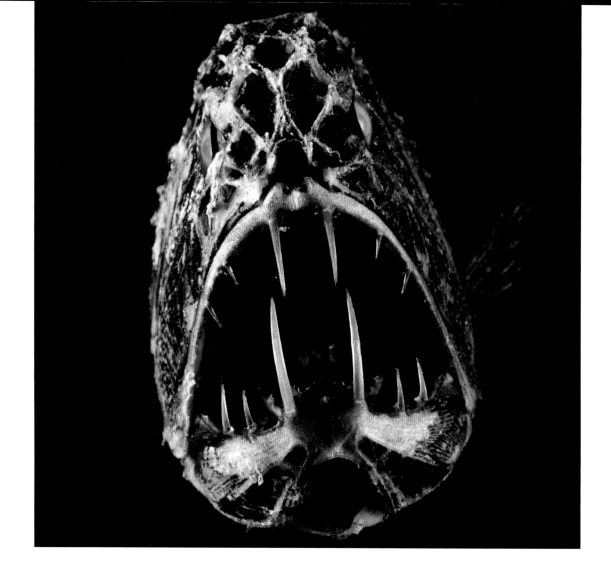

普通尖牙鱼（角高体金眼鲷 Anoplogaster cornuta）最长仅15厘米，但它拥有所有海洋物种中最大的牙齿（相对于身体大小）。其下颌的尖牙和大脑两侧的齿槽正好对口，以免它在闭嘴时牙齿刺穿大脑。它生活在世界海洋180至2 000米的深度，但在深达4 900米处也有发现。

monstre 又来自拉丁语由 monēre（"警告"）派生出的词语 monstrum［"预兆（尤指凶兆）"］。词典上对怪物的主要定义是：具有奇怪或吓人外观的生物。但奇怪是相对的，因此，怪物，至少部分是在观者眼中形成的。怪物的各种次要定义包括：非常大的动物、植物或物体（注意：大小也是相对的）；有结构缺陷、畸形或怪异反常情况的动物、胚胎、植物或其他生物（注意：正常也是相对的）；引起恐惧或厌恶的人，例如可以说，一个自私的怪物（注意：恐惧和厌恶更是相对的）；以及一种想象的或传说中的生物，如半人马，它结合了各种动物或人体形态的部分。

　　对海怪的迷恋部分是由于它们深邃幽暗的栖居地具有持久的神

秘感。船只、潜水员和游泳者可以到达的表层水域只是世界海洋的表皮，薄薄的最上层，不到其14亿立方千米的全部生境的1%；这一广阔水体的平均深度为3.7千米。

在早期，人们对大海的误解和对海怪的误解一样多。有些人认为海底的水一定是冷到冰冻的，或者认为那里的水是永久、致命的死水。还有人想象，深海的压力一定大到使沉入其中的动物尸体甚至船只都无法落入海底，而是永远在巨大的深渊中以受挤压的状态悬浮着。

19世纪中叶，随着探索深海生命的探险活动的展开，一种更流行的理论认为，在550米以下没有生命存在。随着对维持生命所需条件的科学认识不断提高，人们认为中层到深层水域缺乏阳光并且太冷，无法支持生物的存活。这一观念基于对地中海不毛水域的有限研究，但是与盛行的深海怪物的想法相悖。如果550米以下没有生命存在，那么所谓的海怪会生活在哪里，又会吃什么呢？19世纪末的"挑战者号"海洋考察证明了深海中存在广泛的生命，而到了20世纪中叶，人们最终看到生命从海面一直延伸到海底，即使在11千米深的海沟中也存在。海底寒冷黑暗，任何东西都移动缓慢。即使在这里，竟然也有某类怪物生活，它们的发现者非但不觉得害怕，反而为在如此深的地方还能找到生物感到振奋。

深海指的是离海洋盆地底部最近的水层，虽然有时也被随意用来指称广大的开阔海域，或称远洋，即位于大陆坡以外的滨外水域，一些最深的海就在那里。

在这本带你游历深海和远洋的书中，我们将穿越不同的水层，不断深入，到达更偏远的角落，并见到一些迷人的深海生物，它们大体上组成了从前和现在的"海怪"群体。这本书不仅向你展现深海怪物的多彩画廊，而且探索产生这些生物的奇妙世界。我热切地希望，这本介绍深海的书能使更多的海怪变成海洋之友，成为值得我们尊重、好奇和欣赏的动物，并得到我们应有的关心和关注。现在是时候和海怪们成为挚友了。赐予它们和我们生命的海洋在改变着，而人们正在努力理解它改变的方式。这种理解会不会来得太晚呢？

◆

1997 年得到科学描述的黑海刺水母（*Chrysaora achlyos*）是一种大型、罕见的水母。它生活在墨西哥下加利福尼亚附近科罗纳多群岛周围的深海中。

第 一 部 分

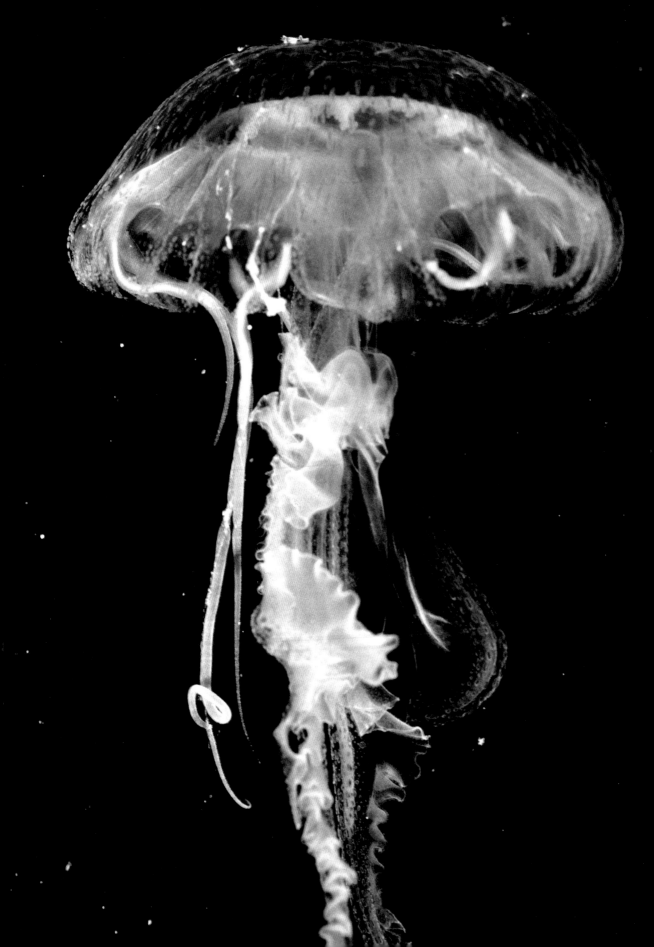

穿过各个水层，潜入海底探险

窥视海面下发生的一切是人类强烈而几乎不可遏制的冲动，也是一个迫切、持续、永存的愿望，我不知有多少次深切地感受到它。

有一次是在新西兰南岛以东的凯库拉峡谷坐观鲸船时。凯库拉海底峡谷深达 1.6 千米，航行其上，我在船的来回摇摆中听着水听器（连接到船上双扬声器的水下麦克风）捕捉到的抹香鲸简短的叫声，渴望目睹传说中抹香鲸和大王鱿之间的鏖战。我们知道抹香鲸身上有大王鱿触手留下的伤痕，在搁浅的抹香鲸胃里还发现了鱿鱼的喙——这很重要，但还不够。一直以来，虽然有探索频道、日本广播协会（NHK）和国家地理协会经费充足的探险活动，但还从未有人见过我们希望看到的宏大战斗，就连美国国家自然历史博物馆的鱿鱼权威克莱德·罗珀（Clyde Roper）也没见过。

还有一次，在非洲西北海域加纳利火山群岛附近，我坐在一艘在那里巡航的双体船浮筒的水下观察室里，努力向深处看去。先是海豚和巨头鲸，然后是一条飞翔着俯冲的蝠鲼出现在船下的视野里，接着是什么的影子——会是一条巨大的鲸鲨吗？也许不是，但反正是个大家伙。即使不知道是什么，我也渴望跟随它消失在大海深处。

但我最强烈的雄心是在海上的高空中生发的。那是个晴天，我坐在东京到澳大利亚布里斯班的航班上，在接近马里亚纳海沟时，凝视着舷窗外我猜想是地球上最黑暗的一片海洋。此前看到了绵延数千米、斑驳多彩的珊瑚环礁，它们带有亮丽的色环，周围清澈的

远洋夜光水母（*Pelagia noctiluca*），俗称紫水母，闪烁着生物荧光，吸引浮游生物猎物到它的触手处。这种水母在每个海洋中都能找到，还侵入渔场，刺伤并杀死大量的养殖鲑鱼。它们在地中海的海滨泛滥，逼得游泳者从水中逃离。

两头年轻的抹香鲸在亚速尔群岛附近，准备进行一次深潜以寻找鱿鱼。

海水反映出知更鸟蛋般鲜艳的蓝色和海底的细沙；现在，数千米漆黑的海看似不同寻常。事实上，我一直在等待穿越这个地方，在我们飞过的时候绘制从各岛屿到它的定位——这是我在长途飞行中用来打发时间的事。也许部分是我的想象，下面看来黑如锅底。然而，毫无疑问的是这个位置，以及最深的海就在这里的事实：深达 11 034 米，马里亚纳海沟中的"挑战者深渊"，就是地球上的最深处。没有任何一个太平洋群岛的潜水采珠冠军考虑过下到这样的深度。事实上，只有三个载人深潜器曾经彻底下潜到全球海底的最深处：1960 年载有雅克·皮卡德（Jacques Piccard）和唐·沃尔什（Don Walsh）的小型潜艇"特里雅斯特号"；2012 年载着电影导演詹姆斯·卡梅隆单独下潜的"深海挑战者号"；以及维克多·韦斯科沃的"极限因素号"，它在 2019 年 5 月的 8 天内 5 次下潜到海底最深处。由于压力太大，这些都是短暂的下潜，但韦斯科沃自己不断返回，带其他人随他一起再次下去。

在 11 300 米的高度飞行，我们离海面的距离就像海面离海沟底部一样远。这是一个奇妙的对称图景，但这两个地方是真正的天渊之别。在高空，飞机外面稀薄空气的低压大约是 20 千帕，而海

> 对海洋的好奇心可能始于第一批生活在沿海地区的人。
> 他们肯定会惊讶于海洋可能送到自家门口的各种新怪物，
> 一般是在风暴后被抛到岸上的，经常能吃，
> 有的吓人，但总是相当可观。

平面上是 101 千帕。在海底，压强极"厚"且重，超过 110 000 千帕，或者说，是我们在陆地上大气压强的 1 100 倍。深海的水压比高空空气稀薄要残酷得多。早在到达海底之前，除了那些专门建造的潜水器外，所有其他潜水器具都会像易拉罐一样被压扁。事实上，在太空中旅行比冒险深入海底这个地球上最深、密度最大、最黑暗的地方更平常，技术难度也更低。

经常有人指出，马里亚纳海沟在"挑战者深渊"处的深度超过地球上的最高点珠穆朗玛峰的高度。如果将珠穆朗玛峰放在海沟底部，它的峰顶仍会比海面低 2 130 米。然而，这个深海沟的巨大规模却很少被报道，它实际上是美国科罗拉多大峡谷的 100 多倍。

对海洋的好奇心可能始于第一批生活在沿海地区的人。他们肯定会惊讶于海洋可能送到自家门口的各种新怪物，一般是在风暴后被抛到岸上的，经常能吃，有的吓人，但总是相当可观。有时是一头巨大的蓝鲸（*Balaenoptera musculus*）或长着 3 米长牙的独角鲸，它为独角兽的故事提供了好材料；也有可能是一只乌贼，触手长得不可思议；或者一条大鱼，满嘴尖利的可以抓人的牙，即使在沙滩上半死不活的，也很可怕，是给人带来梦魇的东西。神话由此诞生。古希腊人认为，宙斯的兄弟，海王波塞冬统治着海洋，而在罗马神话中，他叫尼普顿（Neptune）。早在与我们太阳系中那颗遥远的行星联系在一起之前，尼普顿就是大海的另一个名字，唤起人们对知之甚少的广袤深渊的情感。

一些最早的深海故事可以追溯到亚历山大大大帝（Alexander the Great，前 356—前 323），尽管故事细节往往粗略、矛盾、笼罩在

海洋的
分层

海洋中有五花八门的栖息地，主要由深度划分，深度决定光照的强弱和压强的大小，但温度、水流和水的透明度也起着各自的作用。下面显示的是一些有代表性的生物和它们偏爱且往往是独占的生境。

大陆架

大陆坡

下至200米，海洋上层（透光层）带

200至1000米，海洋中层带

1000至4000米，海洋深层带

深海丘陵

深海平原

4000至6000米，远洋深海（深渊）带

洋中脊

6000至11033米，超深渊带

深海海沟

GEORGE A. WALKER 2014

 ❶ 侏儒鬼蝠鲼，最宽可达2.1米

 ❷ 深海鮟鱇，最长可达0.6米

❸ 吸血鬼鱿鱼，20厘米长

 ❹ 大王鱿，最长可达12米

 ❺ 海参，长度从2.5厘米到2米以上

神话之中。当他没在和敌人或是盟友作战时，亚历山大探索了东地中海的水域。那时已有一种早期的深海球形潜水器的原型，是一个能在水下贮存空气的潜水钟，亚历山大坐在其中下潜并试图停留在水下看鱼。他也看到了海怪；据说有一个生物非常大，"花了三天时间"才游过他的水下玻璃笼子。渔民都知道，鱼儿逃走的故事总是随着时间越传越神奇，而以各种语言流传下来的亚历山大的故事已经反复讲述了两千多年。不过看来亚历山大对海洋确实有一种真正的好奇心，也许这种对深海的热情部分来自亚里士多德（Aristotle，前384—前322），他是亚历山大在13至16岁时的老师。

除了其他诸多成就，亚里士多德还是第一位海洋生物学家，其细致的生物学工作记录在他的《动物史》中。他花了几年时间观察海洋生物并和莱斯沃斯岛的渔民交谈，在这一过程中确认了爱琴海的180个海洋物种。他的清单上最可怕的发现是各种鲨鱼和电鳐，但亚里士多德是个实事求是的生物学家，并没有像后来的许多作家那样大肆宣传这些生物的危险。

相比之下，老普林尼（Pliny the Elder，23—79）则用几乎骇人听闻的细节来描述"海怪"。普林尼专攻的更多是图书馆研究，而不是实地考察；他把亚里士多德的海洋生物总数缩减到了176种，并宣称这是全世界海洋中物种的总数，为后代记录下的实际是他自己的无知。他还错上加错地说，深海里的动物已经悉数发现，比陆地上的动物更为人熟知。事实上，即使在今天，尽管我们对于海洋已经了解了很多，我们对深海的总体知识仍然很贫乏。

在亚里士多德之后，科学界对深海的兴趣逐渐消退，直到地理大发现时代来临。随着欧洲人寻求对未知土地的征服，寻找贸易路线、黄金和青春之泉的探险，出现了对海洋新的好奇。根据费迪南德·麦哲伦（Ferdinand Magellan）第一次环球航行（1519—1522）的日志，他的随行者在西太平洋海沟附近寻找锚地时，把一段绳子从船侧垂下去测量水深，以此进行了几次"探测"。当绳子在730米处未能触底时，他们确定他们正处于海中最深的地方之一。后来的探险队使用了钢丝探测，经常使用钢琴丝，有时还附加一个炮

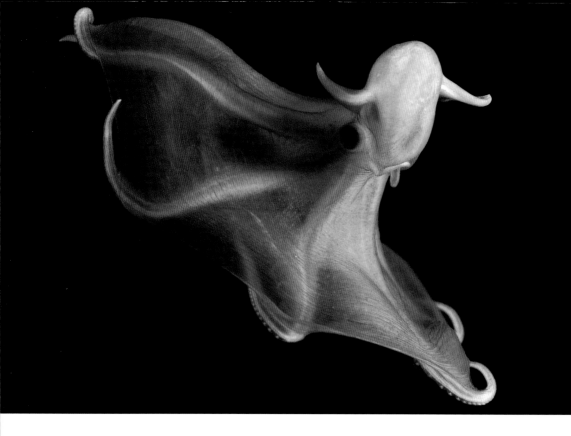

深海有翅章鱼（十字蛸 *Stauroteuthis syrtensis*），又名发光吸盘章鱼，它的外套膜几乎延长到腕的尖端。在腕上，称为腕丝的敏感毛状附属物具有能发光的缩小的吸盘，可以稳定地发出光或闪闪烁烁，以吸引猎物。有翅章鱼的特征是头部有两个鳍并有一个内壳，属于两个章鱼亚目中的一个。

弹，但同样难以判断这些探测线何时触底。有人甚至报告说探测达到了 16 千米或更深——超过最深的海沟。

随着船舶进入不熟悉的沿海水域并想避免搁浅的情况增多，对精确测深的需求也在增加。即使在 19 世纪那些伟大的海洋测绘之旅以前，就算没有其他原因，好奇心也促使船长们把线下得越来越深。有时，海蛇尾或其他生物抓住了这些线，船上的博物学家或医生（往往是同一个人）就能因此一睹水下的生命。但是在大多数情况下，这些探险家只对新的陆地着迷，而不是水下的世界。海洋只是一条通道，目标是尽快穿越海怪的世界。当然，后来寻找捕鲸、捕鱼和捕海豹的水域引发了对海洋更直接的兴趣，但这种兴趣仍然主要集中在表面沿海水域。直到 20 世纪 20 年代，人们开发出一种通过海水发送和测量脉冲声波的方法，水手们才第一次获得了对深海的精确测量。在放下一条绳子和把它拉回来的时间里，可以进行几百次回声探测。

然而，只有用拖捞网才有可能收集样本。从捕鱼工具改造而成的用于收集海洋生物的拖捞网是部分覆盖着细网或钢丝网的粗糙三角形框架，连着绳子。它们可以被放下水，放到海底或沿着海底拖动，然后带着"渔获"被拉到水面。随着19世纪用于收集样本的拖拉网的出现，科学家们开始对生活在更深水域的生物有了更好的了解。

拖拉网的早期倡导者是英国博物学家爱德华·福布斯（Edward Forbes，1815—1854），他在1839年还是一个年轻人时，收到了英国科学促进会的资助，成立了一个"捕捞委员会"。他的第一项捕捞工作是在此后不久，作为英国皇家军舰"灯塔号"上的博物学家，在一次为期18个月的海军远征中调查爱琴海水域——也就是亚里士多德在大约2 000年前研究的那片水域。福布斯急切地捞上了数百个物种，其中一些是亚里士多德曾经记载的。尽管他只在相对较浅的海底取样，只有420米，但他发现随着深度增加，物种的数量迅速减少。他在1840年的报告中做出假设，8个不同深度带中的每一个都包含单独的动物群落，此外还有第九个深度带，包括550米以下的底层水和洋底，不能支持任何生命。他把这个无生命的区域称为"无生带"。

被视为美国海洋学之父的马修·方丹·莫里（Matthew Fontaine Maury，1806—1873）同意福布斯的观点。他说，无生带的观念"更符合摩西的叙述"，这是指《圣经》中的摩西律法和《创世记》中关于世界起源的故事，其中没有丝毫提及深海的内容。在福布斯和莫里的时代，调和科学与宗教的需要是学术生活的一部分。

即使拖拉网确实深入了无生带，从捕捞样本中得出的关于海洋的结论也有问题。拖拉网错过了海面和海底之间的广大区域内所有自由游动的生物，以及钻入泥沙中的动物。如果你只知道那些在海底生存、无法从拖拉网中走出或游开、大小适合（既不太大也不太小）捕获的动物，就很容易对下面的生物产生歪曲的看法。只是在引进了更细密的网和改进了捕捉正好在水底以下和以上动物的技术，以及开发了保持深水压力的特殊箱子后，深海生物的真正秘密才开始被揭开。但福布斯显然领先于他的时代。

福布斯后来在伦敦地质学会博物馆担任馆长和古生物学家，有着杰出的职业生涯。他还曾是伦敦国王学院的植物学教授，以及皇家矿业学院和爱丁堡大学的自然史教授。在爱丁堡大学，他撰写福布斯来自一个领先的学术中心，吸引了许多支持者。然而，即使是那些愿意相信深海中存在一些原始或古老生命的人，也无法想象那里生命的真正广泛程度。

了《欧洲海洋自然史》(*Natural History of European Seas*)一书，这是最早的海洋学综合研究之一。不幸的是，福布斯于1854年去世，年仅39岁，他的书在他死后五年才出版。他的书中包含了无生带的观点，而同年达尔文出版了《物种起源》。如果福布斯活得更久一点，他就会看到他的理论被查尔斯·怀韦尔·汤姆森（Charles Wyville Thomson）爵士彻底推翻；汤姆森乘坐"豪猪号"（1869）和"挑战者号"（1872—1876）皇家巡洋舰的远洋探险改变了人们对深海中可能有的生命的看法。汤姆森甚至成功地在马里亚纳海沟进行了探测。然而，是福布斯激发了人们对深海研究的兴趣，他的水带划分预示了后来的工作和对海洋生物地理的理解。

即使福布斯在世时，也有很多说法暗示在他自定的550米以下有生命存在。而尽管有汤姆森的工作，许多人仍然认为从深海打捞上来的标本已经在表层水域死亡，沉入海底，被永远埋葬而不会腐烂。当时在很深的海下发现的物种数量似乎反驳了这一点。但在那个时代，信息传播速度很慢，在没有个人经验或压倒性证据的情况下，人们相信他们想相信的东西。福布斯来自一个领先的学术中心，吸引了许多支持者。然而，即使是那些愿意相信深海中存在一些原始或古老生命的人，也无法想象那里生命的真正广泛程度。不错，许多深海区域是缺氧的，或者说是贫氧的，但是尽管光线达不到，水温长年冷（虽然没有结冰）以及压力极端大，深海还是充满了生命。

假设我们坐在一条船上，将最新的苹果手机装在一个球形的水下防护外壳中用一根缆绳放下海。苹果手机的摄像功能能够进行360°角的摇摄，用灯光照亮拍摄对象并填补阴影。我们的相机是想象的，但它的理念并不牵强。低预算的海洋研究人员使用"鱼竿摇臂"——安装在长杆上的水下摄像机——来拍摄海平面以下的情

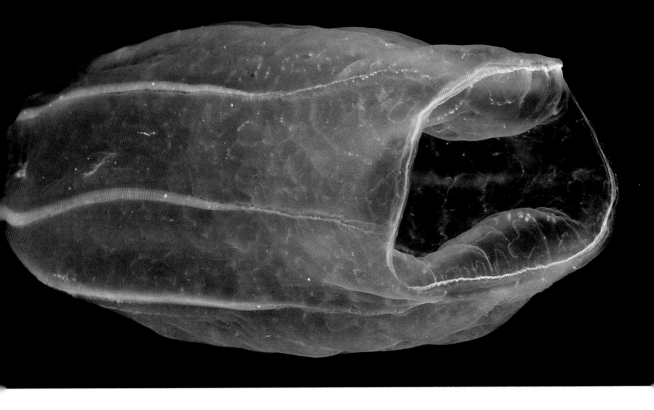

况。为了在电影《海洋》（*Ocean*）中记录海洋生物普查，嘉拉蒂影业公司在全世界 50 个地方工作，拖着一个鱼雷式水下摄影机，以 15 节 [①] 的速度与游泳者一起喷射前进。当然，深层带的巨大压力对深海取样是一个挑战，但这种技术是存在的。下面描述的假想探险是一个前往海底的长途旅行的例子，尽管我们应该永远记住，没有两次旅行会是相同的。

让我们把我们想象中的相机称为"苹果怪物摄影机"。如果它能一米一米、一层一层地下降到海底，它会看到什么？我们可以像《国家地理》杂志的工作人员或赶工期的电视制片人那样，给设备挂上诱饵以保证有所收获，但这将使我们的搜索偏向嗜血的捕食者。让我们尝试拍到更真实的画面吧。我们的"苹果怪物摄影机"附件可能包括一个水听器，或水下麦克风，用来听取和录下海中发生的事情。还会有一个微小的声学多普勒传感器来测量水流的速度和方向，以及一个测量水的传导性、温度和深度的传感器。

在海面附近，这种深海栉水母——瓜水母（*Beroe cucumis*）是透明的，但在更深处生活的物种会变红，这是一种在没有红光的地方有效的伪装。深海栉水母是一种活跃的游泳栉水母，利用沿其身体的一排排栉板在水中移动。它也可以通过从口中喷水来产生速度的爆发。深海栉水母捕食其他栉水母门动物，会把它们囫囵吞下。

◆

---

① 节：速度的法定计量单位，只用于航行。每小时一海里。——译者注

表层水域

海洋上层带（透光层）
海面至海面以下 200 米

人类是视觉动物，因此当我们来到海面下时，首先注意到的是光线的减弱，就像在一个明亮的晴天进入室内时一样。"苹果怪物摄影机"具有类似眼睛的镜头，此时它的反应是光圈全开，让更多的光线进入。通常情况下，在海面下仅 1 米的地方，55% 从海面射入的光线就会消失。在 10 米处，光谱的红色部分就会被吞噬，这也意味着来自表面 84% 的光线被吸收了。当设备到达 100 米时，来自海面 99% 的光消失，彩色光谱中仅存蓝光。但光的穿透力因纬度、一年中的时间以及水中颗粒和悬浮物造成的清晰度不同而大相径庭。在夏季富含浮游生物的寒温带水中，当有大量活体颗粒时，潜水员可以在几米内经历从正午到黄昏的光线变化。在热带地区，由于有高度反光的沙质水底，同样的深度可以从表面多透入 50% 的光线。

从海面入水时，也许没有什么感觉比声音的突变更令人深有体会。当人跳入水中时，随着水压增大，我们的耳朵似乎关闭了——这种突然的转变几乎使我们变聋。但是，许多生活在水下的动物已经适应了另一种被称为骨传导的听觉方式，即动物的头骨接收到声音在水中传播的压力波，并将其传递到内耳。

当"苹果怪物摄影机"的水听器打开，采集海中的声压波时，我们开始意识到另一个世界。在海面下前 60 米听起来是静止的，就像某些 20 世纪实验音乐的白噪声。然后，我们听到微弱的隆隆

一头座头鲸在浮出水面并喷了几次水后，深潜入位于加利福尼亚的食物丰富的蒙特利湾。

声以及偶尔的哨声和叫声，这会是鲸鱼、海豚、奇怪的鱼吗？然后隆隆声越来越大。

水听器开始接收到一种呜呜的背景声，它稳定地增强，最终掩盖了哨声和叫声。这就是船舶交通的噪声。在达·芬奇的时代，你可以把一根管子放入水中，通过它听到数千米外帆船行驶的声音。今天，海洋交通涉及约 5.3 万艘商船，包括集装箱船和油轮，以及渡船、游船和世界各国的海军舰艇。它们开得越快，噪声就越大。只有潜水艇和帆船是"安静的"。和世界上一些地区表层水域产生的超常噪声水平相比，你还不如待在高峰期的曼哈顿、马尼拉或墨西哥城的市中心呢。

声音在水中传播的速度比在空气中快近 4.5 倍，具体取决于水况、深度以及声音的响度和频率。低沉的声音传播得最远，而高亢的声音在消散前不会传播太远。鲸鱼、海豚和其他海洋哺乳动物利用声音来找到食物和伴侣，并相互交流，水下声音的物理学与它们息息相关。水下的能见度，即使在海洋的最上层，也只限于几十米，因此对于游动迅速、分布广泛的海洋哺乳动物来说，声音才是首选工具。

从空气到水下的突然过渡也表现在不再有波浪和海水的摇晃。仅仅在海面下 3～4 米，一切就都很平静了。事实上也有一些运动，即巨大的表层水流，但我们也与表层水流以同样缓慢、稳定的速度一起运动。表层水流通常以 5～8 千米每小时的速度流动。一个人尽皆知的表层洋流经典例子是墨西哥湾流，简称"湾流"，它从佛罗里达州迈阿密附近的 80 千米宽扩展到纽约市附近的 480 千米宽，深度为 640 米。

湾流像海洋中的一条河，其水量比世界上所有河流的总和还多。它将暖流从墨西哥湾的亚热带地区向东北方向输送，穿过北大西洋，在那里，部分湾流成为北大西洋洋流，斜向北上流向英国和西欧大陆。其中一部分分流流向挪威，而其余则顺时针向赤道转回。18 世纪末，本杰明·富兰克林因外交事务定期乘船穿越大西洋，并对湾流现象产生了兴趣。即使在那时，欧洲的船长们也知表层水是世界海洋和大气的冲突和耦合交替发生的地方，这造成了地球天气的千变万化。它可以承载巨量的温暖环境，是生命的源泉，也可以催生激烈的风暴。

道，当穿越大西洋前往美洲新大陆时，他们首先必须向南驶向赤道，但可以采取更直接的航线穿越北大西洋回家，这条快行道可将回程的时间减少数天。

世界海洋中的表层洋流总在不断流动。在北太平洋，黑潮从西南向东北方向移动，从日本开始，流到加拿大和阿拉斯加的太平洋沿岸，然后沿着北美海岸转向南，继续沿着赤道以顺时针方向流动。然而在南半球，表层水的大规模流动却是在南太平洋、南大西洋和印度洋的广阔范围内以逆时针的环流进行的。这些运动是地球自转的结果。自转产生了所谓的科里奥利效应，使风和水流在北半球都以顺时针方向移动，逐渐流出并远离赤道，而在南半球则以逆时针方向移动。这种效应可以通过观察水从一个湿的陀螺上流走的方式来粗略地证明。

随着这些表层水的流动，一些从赤道地区流向寒温带或极地地区的温暖、含盐的表层水密度变大而下沉，有时向南极洲、格陵兰岛和拉布拉多半岛附近的海底下沉速度极快，可以在水中测量到垂直的水流。世界海洋的深层水就是这样形成的。与表层水的运动相比，深层水的流动速度很慢，有时还向相反的方向流动，但经过数百年的时间，深层水最终到达号称"世界海洋的尽头"的北太平洋，在那里它再次上升到表层。当水到达它在洋流系统中的起点时，时间已经流逝了大约 1 000 年。因此，世界海洋是一个整体系统，所有的水都流经它。这被称为温盐环流，因为水流主要由水的温度和盐度（或含盐量）变化驱动。

表层水是世界海洋和大气的冲突和耦合交替发生的地方，这造成了地球天气的千变万化。它可以承载巨量的温暖环境，是生命的源泉，也可以催生激烈的风暴。它是数以百万计的海鸟、鱼类、鲸鱼、海豚、海豹和海狮的聚集地和觅食地。它是世界海洋的皮肤，像是一个倒置的塞伦盖蒂平原。它是海洋上层带，是所有人都熟悉的海洋生物名人录，汇集的都是世界上备受瞩目的海洋生物。

如果我们巡游表层水域，就会发现鱼类和无脊椎动物的非凡多样性。这些生物伴随着更知名的"海怪"。许多鲨鱼，包括白鲨、远洋白鳍鲨、蓝鲨、双髻鲨和虎鲨，主要在这一区域觅食，尽管其他鲨鱼物种生活在更深的地方，或者能够潜入远低于海洋上层带的水域。大型魟鱼，如蝠鲼，在表层水域活动的时间相当长。以集群方式生活的复杂水母和管水母，包括可怕的葡萄牙战舰水母（*Physalia physalis*），也栖居在表层水中，漂浮着等待任何可能漂过的猎物。当然，鲸鱼、海豚、鼠海豚、海豹和海狮大部分时间都生活在这些最顶层的水域中。它们中的一些在更深的水域捕食鱼类和鱿鱼，但大多数终其一生都在表层水域中穿行。

觅食中的虎鲸有时会把海面当作一堵墙，用来困住它们的猎物。在距离加利福尼亚州皮纳斯海岬几千米的蒙特雷海底峡谷，成群狩猎的过境型虎鲸正悄悄地潜伏。这片深水开放区会使毫无戒心的灰鲸（*Eschrichtius robustus*）幼崽以及各种海豚、象海豹和海狮在穿越时无处可藏。每年四月，灰鲸母亲会带着刚出生不久、体长可达 6 米的幼崽，沿下加利福尼亚的海岸向北迁徙到阿拉斯加。幼崽可能还在哺乳期，但在它们到达遥远的北方水域之前，母亲和幼崽都没有固体食物可吃。

在沿着南加利福尼亚州海岸的浅水向北悠游了一段舒适的旅程后，灰鲸接近了蒙特雷湾。在这里，它们必须做一个决定，是穿越开放的深水区，还是走靠近岸边、穿过海藻床的更长的路线。每年都会有几头灰鲸母亲和它们的幼崽选择冒着被虎鲸协作攻击的风险，走危险的捷径。虎鲸会从下面游上来冲向体型与它们差不多的灰鲸幼崽。它们企图围住幼崽，使它远离母亲，还要防止它潜入深海逃跑。虎鲸不会攻击体型大得多的母亲，尽管它可能试图保护它的幼崽。有些幼崽得以逃脱，但更多时候会是这样：在一个典型的

在夏威夷附近的表层水域中，一头伪虎鲸（*Pseudorca crassidens*）一口咬住一条发育成熟的鲯鳅（*Coryphaena hippurus*）。鲯鳅俗称"马喜""鬼头刀""青花鱼"。

虎鲸是典型的猎食性哺乳动物，视觉敏锐，善于在海面以上和以下捕猎。图中显示两头南极浮冰虎鲸直立浮出水面，围绕并窥伺着冰上的一只威德尔海豹（*Leptonychotes wedellii*），在考虑是让浮冰倾倒，还是掀起浪花把海豹冲入水中。浮冰虎鲸，也被称为B型虎鲸（大型），专门猎杀海豹，并可能有一天被授予独立物种的地位。

暮春下午，蒙特雷海底峡谷上方的整个水面开始变红。在几分钟或几小时内，一切就都结束了。

如此多的生命聚集在这里，是因为穿透最上层的阳光驱动了浮游植物的光合作用，而这反过来又为海洋中的大多数生命提供了生存基础。表层水域也称透光带（euphotic zone），euphotic 来自古希腊语，意思是"光线充足"。作为海洋的皮肤，这一区域包括最上层的 200 米，只占世界海洋体积的不到 5%，但对下面的生命却至关重要。许多深海动物的幼体是在表层水域觅食的，甚至有些成年后也还会在夜间偷偷溜回表层掠食。被撕烂的动物的沉尸和其他碎屑滋养了中层水域和深海的动物，使这些区域存在生命成为可能。

在世界海洋的表层水域，物种的多样性和生命的密度虽然不均匀但非常惊人。丰度取决于浮游植物含量，它养活了几乎所有海洋生命。这一含量在整个海洋中变化很大，取决于纬度和一年中的时

间。在某些热带或亚热带地区，如马尾藻海和中心太平洋的部分地区，浮游植物含量很低。一般来说，在夏季靠近两极的地区浮游植物最密集，特别是在大陆架附近和上升流地区。

这篇概述仅仅宽泛地勾勒了表层水域的图景，而在我们了解较小范围内浮游植物的分布情况之前，仍有许多工作要做。如果不了解这些基本的生命形式，我们就永远无法完全掌握包括所谓"海怪"的大型动物的丰度、多样性和活动情况。

从最早的人类时代开始，人们就对海洋上层抱有极大的好奇心。我们祖先最初涉足海洋的部分原因可能是为了躲避不会水的大型捕食者。但他们涉水也同样可能只是为了在吃光了潮间带的蛤蜊、牡蛎、贻贝和其他美味之后获取现成的食物来源——鱼、螃蟹和其他唾手可得的海洋生物。

一批原始的潜水器于 1620 年首次下水，此后在三个世纪的

一头虎鲸在加利福尼亚州蒙特雷湾围堵一头灰鲸幼崽。每年在灰鲸的迁徙途中，过境型虎鲸，或"大虎鲸"，都会盯上灰鲸幼崽并试图把它们与母亲分开。

使用这种呼吸混合气，有经验的水肺潜水员可以下潜到
约 150 米的深度。然而，要冒险下到上层带的边缘，
并真正一窥 200 米以下的深蓝世界，
就必须使用潜水器了。

大部分时间里，它们都一直停留在海洋上层带，因为当时无论人类还是机械都无法突破这一水域的下限。随着雅克–伊夫·库斯托（Jacques-Yves Cousteau）和埃米尔·加尼安（Emile Gagnan）在 1943 年发明了自主水下呼吸器（即水肺），不受束缚的潜水员开始下潜到 45 米或更深。据报道，不带水下呼吸装置的珍珠和海绵捕捞员可以潜到 30 米深，但正常情况下，他们下潜的深度不超过 12 米。通常的压缩空气和氧气的混合物将水肺潜水员的最大下潜深度限制在约 75 米，尽管在这样的深度停留任何时长，潜水员返回水面时都需要长时间的减压过程。如果再深一点，呼吸混合气中占压缩空气一部分的氮气就会溶解在血液中，妨碍血液向大脑输送氧气，引起麻痹。这种所谓的"氮醉"往往有致命的后果。为了取代呼吸混合气中的氮气，可以把氧气与氦气或氢气混合，这两种气体在人体组织中的溶解度较低。使用这种呼吸混合气，有经验的水肺潜水员可以下潜到约 150 米的深度。然而，要冒险下到上层带的边缘，并真正一窥 200 米以下的深蓝世界，就必须使用潜水器了。

当我们放下"苹果怪物摄影机"时，压强会稳步上升。在 10 米处，压强为 202.7 千帕，是水面上的 2 倍，但在 100 米时，压强就达到了 1 013.5 千帕之强（是水面压强的 10 倍，或 10 个大气压）。在这个相对中等的深度，潜水员身体的每一平方厘米要承受 10.4 千克的水压。

90 米只是表层水域的一半深度，但它标志着风对海洋影响的通常极限。在 100 米以下，我们不再被表层水流带着走。下面的水保留了它自己独特和可识别的特征，或如海洋学家所说的"味道"。

它有不同的温度和盐度，可以以一个不同的速度流动，通常比较慢，甚至是向不同的方向流动。但它通常是海洋上层带中较平静、较稳定的部分。

在海中，深度每增加 10 米，就增加一个大气压。在 200 米，上层带过渡到中层带，此处的压强是强大的 2 027 千帕（海面压强的 20 倍，或 20 个大气压）。如果我们事先没有给"苹果怪物摄影机"安装一个特殊的外壳，这里的压力就会轻易压碎它。

当"苹果怪物摄影机"到达表层水域的下限时，它遇到了一个非同寻常的景象："海雪"。摄像机的光线捕捉到由营养物质、废物、动植物尸体残留，甚至是奇怪的遗骸组成的暴雪。所有在穿越海洋中层带过程中没有被吞噬的物质，都注定要落到海底。这场持续的降雪在一年中的某些时候变得最为明显，特别是在寒温带水域中浮游植物繁殖之后。而为了看到它，你必须抬头看向正上方的光线，或者依靠人工灯光照明。

◆

中层水域

海洋中层带（弱光层）
海面以下 200 至 1 000 米

继续向下，海水越来越蓝，越来越深了。这里不是"无光"（aphotic），而是"弱光"（disphotic）。在中层带的大部分地区，取决于上面的条件，蓝光可以勉强照亮栖居在这一永久的蓝色幽暝之中的生物。不再有表层水域中带鲜明反荫蔽伪装（浅色的腹部，深色的背部）的靓丽多彩的鱼类，我们在这一水层开始看到均匀的银灰色或黑色的鱼。但是，虽然鱼类变得更加黯淡和神秘，无脊椎动物却似乎变得更鲜亮和多彩。许多中层带的水母是深紫色的，而桡足类、糠虾类、虾类和其他甲壳类动物则是从亮橙色到深红色都有。无脊椎动物的紫、红和橙色在来自水面的窄带蓝光和主要来自生物发光的蓝光中大多不可见，而鱼类的银灰色至黑色的伪装也有助于它们避免被捕食者发现。

随着"苹果怪物摄影机"的下沉，光线和温度的变化几乎难以察觉。现在需要下沉几百米的距离，光线才会减弱半档相机光圈，水温才会降低 1 ℃。尽管如此，压强仍然以迅猛而持续的速度继续增加。从 200 米到 1 000 米，压强从海面压强的 20 倍上升到 100 倍，达到 104 千克，即超过 1/10 吨，压在每 1 平方厘米上。

中层水域的压强，或者说厚重的水层，是人类探索这一区域的最大障碍。最早体验这里生活的是两位美国人：地质学家兼探

短炳黑角鮟鱇（*Melanocetus murrayi*）有很多别名，如默里深渊鮟鱇、深海黑钓客或深海黑魔鬼。它生活在除极地周围的整个世界海洋中，停留在 900 ～ 6 000 米的深度。这里显示的是一条雌鱼。

> 变成漆黑一片，失掉了与太阳的所有联系。但这里又并
> 非是全黑的。尽管强烈而普遍，但黑色只是背景，当一
> 个个怪物赫然惊现在视野中时，你会忘记其他一切。

险家威廉·毕比（William Beebe）和发明家兼工程师奥蒂斯·巴顿（Otis Barton），他们在 20 世纪 20 年代末和 30 年代初乘坐他们的深海潜水球深入海洋中层带。这是一个理想的伙伴关系，因为巴顿拥有设计建造潜水器的技术专长，他的发明能下潜到当时被认为是"深海"的地方，并完好无损地回来，而这在 20 世纪初，甚至在 20 世纪末，都是一项了不起的成就。

毕比不会驾驶，但他却决心担任深海潜水球的副驾驶。他画了一些圆柱形深海潜水器的设计草图，其中也考虑到了潜水员的舒适度。但巴顿知道，这种潜水器必须是小型的球体，壁厚 3 ～ 4 厘米，要由单铸一级平炉钢制成。球体内部的直径只有 1.4 米，只能通过一个直径为 35 厘米的舱门爬行进入。

在他们第二次下潜时，4 米长、直径 2.5 厘米，连接潜水器和海面的电话线像大王鱿的触手一样穿入潜水球内部，毕比和巴顿在又湿又冷、只能匍匐的钢制胶囊舱里与设备、各种管子，甚至彼此纠缠在一起。在另一次下潜中，海水从门的密封处渗入，毕比不得不打电话给海面，要求快速下放潜水器。正如他们希望的那样，增加的水压封住了舱门。还有一次，无人潜水器在下放过程中密封失效，当它被拉回水面时，沉重的舱门像颗射出的炮弹一样猛烈撞向了甲板。

最终，在一些深潜之后，两个 15 厘米的石英舷窗没能再次通过压力测试，不得不报废了。深海探险是一项危险的事业。然而，尽管毕比在某些方面遭到技术上的失败，但他是一位无畏的潜水员和资深的探险队长，也是一位伟大的科学倡导者和普及者，能为富于想象力的项目筹集资金，然后用纯粹诗意的语言记录一切。从

20 世纪 20 年代末开始，一直坚持到大萧条的早期，毕比和巴顿在他们称之为"水箱"的深海潜水球中完成了大约 26 次下潜，成为最早一窥海洋中层带并深入其下限的人。在 1934 年百慕大附近的一次潜水中，他们达到了 923 米，打破了他们自己的纪录，比人类以前的深度纪录深了 5 倍。在最大的深度，毕比体验到了"宇宙的寒冷和孤立，永恒的绝对黑暗"，但在下潜的大部分时候只是越来越暗的蓝："充斥所有空间的蓝色不允许人产生其他颜色的想法。"

在 580 米处的最后一丝微弱的灰色光线在 610 米处褪去，变成漆黑一片，失掉了与太阳的所有联系。但这里又并非是全黑的。尽管强烈而普遍，但黑色只是背景，当一个个怪物赫然惊现在视野中时，你会忘记其他一切。一盏电灯帮助照亮了一些从黑暗中溜出来查看潜水器的生物，但主要还是它们自身的生物发光让毕比看清了它们。在他的各次潜水中，无论看哪里都能见到"长长的尖牙的闪

相对于头部大小而言，斯氏蝰鱼（*Chauliodus sloani*）的牙齿是所有鱼类物种中最长的，可用于刺穿大型猎物。斯氏蝰鱼通常体长 20～35 厘米。图中标本是在葡萄牙海岸附近 800 米的深度发现的。

中层水域　　　　37

光"和"几十道亮光闪过",对应着许多条鱼。一些不到30厘米长的鱼可能发出数百点光。

毕比在490～670米的潜水中观察到的情况包括一次奇妙的相遇,他"看着一点六便士硬币大的美丽的光稳定地朝我漂来,直到毫无征兆地,它似乎爆炸了,以至于我猛地把头从窗口扭开"。这个生物撞上了玻璃,光在接触点上变强。后来,毕比看到一条从未见过的深海鱼被照亮的轮廓,当它转向他时突然消失了,尽管他感觉到它的大嘴正在张开。在同一深度,他看到两条2米长的鱼,"大致是梭鱼的形状",比他们的潜水器还大,即使没有准确的识别,这也足以证明海怪的存在了。这些鱼全身都有淡蓝色的发光点,就像夜航的邮轮被照亮的舷窗。毕比还写到一个巨大的"突出的下颚……长有许多尖牙和两条长长的垂下的触手,每条触手的顶端都有一对独立的发光体,上面的是红色,下面的是蓝色。这些亮光在鱼的下面强烈快速地闪烁着"。一条鱼的嘴大张着,毕比称其为"不可触摸的潜水球鱼"(*Bathysphaera intacta*)。

在深海潜水球历史性地下潜923米的过程中,巴顿主要负责摄影,而毕比则用肉眼观察。在许多情况下,光线和视野以及当时的技术都有限,但照相机无法捕捉到的景象会被毕比亲眼看到。当然,毕比无法收集样本进行解剖,从而将其归入纲、科、属或种。仅仅看到一个生物的轮廓,甚至凝视它的眼睛和嘴巴,都不足以给它一个物种名称,而且毕比的描述太奇异了,有些人不相信。不过,毕比与一位专业插画家密切合作,后者根据他的详细描述进行绘画,往往在他回到甲板上的几个小时之内就画成。毕比还根据他以前看到和研究过的实际深海标本认出了一些生物。

许多动物只能勉强看到,或者太奇怪了,毕比不能试着画出来,更不用说命名了。其中包括一条在他创纪录的下潜中逃脱的大鱼。毕比在747米的深度遇到了这个无色的大家伙,足有6米长。他错过了这个庞然大物的脸和鳍,因为它刚刚滑入视野就又立即消失了。毕比忙叫巴顿来看,但当巴顿从他的舷窗看出去时,那条鱼早已无影无踪,毕比也只得作罢。他的大部分描述都符合我们今天所知栖居在中层带的生物，而且这些生物确实就生活在他看到的地方。毕比的描述能力很强，虽然有时辞藻花哨，但并没有夸大他遇到的生物的奇异特征，不过他偶尔也会词穷，只能用"无法描述的美"这类话来形容。毕比还使用渔网和其他奇特装置对深海进行了1 500多次采样，捕获了代表至少220种中层水域物种的115 000多件样本。深海物种一旦被这些粗糙的取样器拉到水面上，其状况就会很糟糕，然而许多物种是人们以前从未见过或调查过的，不管它们是被泡胀了、剥皮了，死了还是活着。

毕比的"不可触摸的潜水球鱼"其实是一个新品种的龙鱼。他描述的其他鱼类，如毒蛇鱼和小魔鬼鱼，都可以通过他的插图确定地识别。小魔鬼鱼不是别的，正是黑角鮟鱇，通常长15厘米。我们的"苹果怪物摄影机"就遇到了这样几条上海报的鱼，可以说是《大白鲨》之后的缩微版海怪。它那长而锋利的牙齿如同细长的碎玻璃片，每一颗都渐细直至成为针尖。当这样一条亮橙色的深海鱼在1995年8月14日登上《时代》杂志的封面时，深海可以说至少在一个转瞬即逝的时刻被推到了美国大众意识的最前沿，尽管毕比在60年前就已经为普及一些同样的生物做过那么多事。

当毕比和巴顿的深海潜水球下降时，它扰动了水体，引起了他们所见证的大部分生物发光现象。但在这里，毕比也有一些惊人的观察。他声称，他可以根据灯笼鱼所显示的发光模式来区分其不同种类。事实上，我们现在知道，在眶灯鱼属（*Diaphus*）中，至少有五种与物种相对应的不同生物发光模式，而其他属的大多数灯笼鱼物种也有独特的发光器官模式。

生物发光就是源于活体动物和植物的光。在一定程度上能在表层水域中见到生物发光，而在海洋中层带，近70%的生物都使用生物发光，但在中层带以下的深水区，生物发光的使用迅速减少。这些中间水层聚集了地球上主要的生物发光群落。如果你要去世界上某个地方亲见或研究生物发光的灯光秀，那必须来看看这里。

许多人熟悉的生物发光是萤火虫和发光虫所发出的光。生物发光在陆地上相对罕见，在淡水中几乎闻所未闻。但是那些在海中驾

一条雌性深海少丝鞭冠鮟鱇（*Himantolophus pauiflosus*）展示了从该物种的前额长出并用于吸引猎物的生物发光拟饵或"钓竿"。鮟鱇的一个特征是它们的拟饵和产生生物发光的独特复杂结构。

驶帆船或划独木舟的人，特别是在没有月亮的夜晚，会观察到水中的发光或闪亮。在这种情况下，光亮通常是数以千计的被称为沟鞭藻的浮游植物在受到搅扰后发出的，搅扰可能来自从水上驶过的小船、插入水中的船桨，或贴近水面游泳的海豹。在其开花的"红潮"期间，沟鞭藻会被拍到海滩上的海浪所刺激，使其蓝色条痕的亮度在夜间足以被拍摄到。在水下深处，生物发光因其周围的黑暗而更加壮观，也更加多样、奇异和诱人。在这个原本阴暗的环境中，包括鱼类、鱿鱼和水母在内的物种有着惊人的多样性，它们已经进化出各种使用光的方法，如防御、交流和突袭。

许多深海生物将生物发光作为一种防御反应，旨在惊吓捕食者或使它们暂时失明。这种光的编排很有迷惑性，让捕食者不知道该追赶猎物的哪一端。另外，动物身体底部的光可以作为伪装，和来自上方的闪光对抵，就和贴近水面的动物的白色腹部效果相同。

作为一种进攻策略，捕食者利用生物发光来看到猎物，甚至引

　深海生物

在水下深处，生物发光因其周围的黑暗而更加壮观，也更加多样、奇异和诱人。在这个原本阴暗的环境中，包括鱼类、鱿鱼和水母在内的物种有着惊人的多样性，它们已经进化出各种使用光的方法，如防御、交流和突袭。

诱猎物靠近，因为许多鱼会被一定强度的光吸引。一个拟饵的显著例子是一些鮟鱇背鳍上配有复杂的发光器官。

生物发光也用于同一物种个体之间的交流。它帮助一些物种的成员聚到一起或呆在一起，并且对于寻找配偶、发出准备交配的信号和吸引配偶可能很重要。佛罗里达州皮尔斯堡海洋研究与保护协会的研究员埃迪·维德（Edie Widder）一直致力于了解更多关于海洋中生物发光的知识和应用科学，来扭转海洋生态系统退化的趋势。她承认对"光的语言"很着迷。一些研究人员认为它可以与口语或歌唱语言媲美——生物发光的丰富和复杂程度不亚于进化出使用生物发光的物种。对这些语言的解谜仍处于早期阶段。

维德于 2010 年 4 月在加拉帕戈斯群岛做了一次 TED 演讲，其间她解释说，当她第一次穿着特制的"黄蜂"深海潜水服下潜到 268 米并熄灭灯光时，"对于会看到多少生物发光，以及它是多么壮观，我完全没有准备。我看到被称为管水母的水母链，比这个房间还长，喷出大量的光，亮到我不用手电筒就能看清潜水服内的表盘和仪器。我还看到一团团光，像是发光的蓝色烟雾和爆炸的火花，当水母在水中推进时这些光在它们身体中旋转上升，就像你在篝火上扔一块木头，余烬会旋转飞舞起来，但那些是冰蓝色的余烬。那景象真是叹为观止"。

随着时间的推移，维德已经非常熟悉使用生物发光的生物，并可以通过它们产生的闪光类型来识别许多动物。她与计算机图像分析工程师合作，开发自动识别系统来确认闪光的动物并获取精确坐标。这种方法与生态学家在陆地上所做的那种研究相同。

维德说："今天研究生物发光的大多数人都专注于它的化学机理，因为这些化学物质已被证明对开发抗菌药物、抗癌药物，测试火星上的生命存在和检测我们水域中的污染物具有难以置信的价值。"最后一项应用是最近维德花越来越多的时间研究的。

2008 年，诺贝尔化学奖授予了伍兹霍尔海洋生物实验室的下村修（Osamu Shimomura）、哥伦比亚大学的马丁·查尔菲（Martin Chalfie）和加州大学圣地亚哥分校的钱永健（Roger Y. Tsien），以表彰他们发现和开发绿荧光蛋白的成就。1962 年，这种分子从所谓的水晶水母（*Aequorea victoria*）这种生物的发光化学组成中分离出来。水晶水母是一种水螅纲水母，通常在北美洲的西海岸附近发现。由于该分子对细胞生物学和基因工程研究产生的深远影响，维德和其他人认为这项工作等同于显微镜的发明。

在绿荧光蛋白的帮助下，研究人员已经设计出方法来观察不可见的过程，如癌细胞的扩散和大脑中神经细胞的发育。利用脱氧核糖核酸（DNA）技术，研究人员可以将绿荧光蛋白作为一种标签工具，将其与活的生物体内数千种原本不可见的蛋白质连接起来，以跟踪它们的运动、位置和相互作用。

维德讲述了一个神经科学实验，在该实验中，研究人员成功地标记了小鼠大脑中的各种神经细胞，产生了一个鲜明的颜色阵列。听起来像一个聚会的把戏，但却可以成为有价值的科研工具。

生物科学正在试图了解各种蛋白质在体内的作用，因为它们控制着重要的化学过程。当蛋白质机制发生故障时，疾病往往随之而来。利用发光标签，研究人员可以追踪各种细胞的命运，例如，了解阿尔茨海默病期间神经细胞的损伤是如何发生的，或者产生胰岛素的 β 细胞是如何在一个发育中胚胎的胰腺中生成的。

光的诱惑力是生物学的一个共同主题。由于生物发光是存在于海洋中层带的一个根本而有用的工具，生物学家认为它可能已经单独进化了许多次。"至少有 40 种不同的发光化学系统出现在生物发光的生物体中，"纽约州伊萨卡康奈尔大学的生物发光权威詹姆斯·G. 莫林（James G. Morin）说，"然而，其中只有大约 8 种的化

水晶水母是一种水螅纲水母，其生物发光引起了研究人员的兴趣，他们由此开发了绿荧光蛋白分子，用作细胞生物学和遗传学中的示踪剂。2008 年，诺贝尔化学奖授予了将绿荧光蛋白开发出广泛科学用途的三位科学家。

10厘米长的贡氏华灯鱼（Lepidophanes guentheri）是一种灯笼鱼，因其身体底部和头部有成对的发光器官而得名，比其他深海鱼数量更多。它在求爱和鱼群摄食时使用这些光来与其他灯笼鱼交流。

学成分已被完全确定，反应也被完全理解。"

大多数被研究的动物都是利用复杂的发光器官来制造自己的光，这些发光器官被称为"发光器"，广泛存在于各种鱼类、鱿鱼和其他无脊椎动物中。较简单的发光器利用一系列腺状细胞，通过化学反应产生光。这些细胞被一种黑色色素细胞的屏障所包围。更复杂的发光器设计包括滤色器、可调节的色素细胞隔膜、用于开关光线的皮瓣以及用于聚焦光线的晶状体。举例来说，某些种的鱿鱼的发光器被含有色素细胞的皮肤层所覆盖，这使得它们能够改变光的颜色和强度。其他产生生物发光的生物则是依靠与某些细菌的共生关系来发光。对这种类型的交流和狩猎的适应性改变当然包括感知这种光的眼睛。大多数生物发光是蓝色的，因为蓝光在海水中传播得最远，最适合交流。因此，大多数使用生物发光的动物都制造蓝光，而且只能看到蓝光。

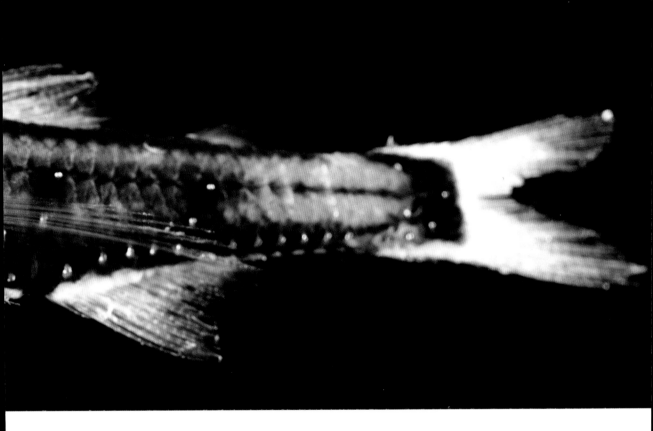

　　维德试图吸引生物发光动物的探索始于一个关于光学诱饵的想法，即用 16 个编程的蓝色的发光二极管（LED）灯来创造不同的灯光秀，她称之为"电子水母"。为了对该装置的运作和动物对它的反应进行录像，她开发了一个名为"海中之眼"的摄像系统，该系统配有红光照明，对大多数动物来说是不可见的（因此也不显眼）。

　　维德在 TED 演讲中展示了早期在巴哈马群岛海域 610 米处拍摄的"海中之眼"视频，这是第一批实验的结果。尽管分辨率很低、画面很模糊，但你可以看到 LED 灯在黑暗中明亮地闪烁。几秒钟后就有了反应，屏幕上显示出像是三串点亮的珍珠一样的光点。发信号的是某种虾，它向水中释放出蓝色生物发光化学物质，以回应电子水母。接着其他虾也加入进来，开始闪烁。这里会不会有种群间的交流呢？

　　"我们不知道我们在说什么，"维德说，指的是 LED 灯可能发瞳孔的大小对于摄取光线极为关键，因此一些鱼的眼睛全被瞳孔占据，眼睛的其他部分已经不复存在。在几种鱼类中发现的一种适应性改变，即管状眼，其中每只眼睛都位于一个黑色的短圆柱体上，顶部是半透明的晶状体。

出的信息，"但神奇的是，我们在和虾说话。"虾的回应也没有翻译，尽管视频清楚地显示有回应。

"我们这里基本上像一个聊天室，"维德解释说，"因为启动之后，谁都在说话。"

我们知道聊的是什么吗？

"照我看，"维德很想渲染聊天室的比喻，"大概是性感的东西。"

伴随着中层带的闪光秀，我们的"苹果怪物摄影机"显示出许多大眼睛的生物。许多突起的鱼眼有淡黄色的晶状体，就像戴了太阳镜一样，对于捕食者来说，这使猎物的生物荧光更加醒目。另一些眼睛有很大的瞳孔来收集尽可能多的光线。这些可不是皮克斯公司在《海底总动员》中展现的那种表情呆滞的深海鮟鱇鱼。那些呆滞眼睛的灵感来自保存在福尔马林中的死鱼。皮克斯的动画师可能认为它们看起来更可怕，但它们只是看起来很死。这种表情在野外是行不通的。

瞳孔的大小对于摄取光线极为关键，因此一些鱼的眼睛全被瞳孔占据，眼睛的其他部分已经不复存在。在几种鱼类中发现的一种适应性改变，即管状眼，其中每只眼睛都位于一个黑色的短圆柱体上，顶部是半透明的晶状体。每只眼睛有两个视网膜，一个位于圆柱体的壁上，用于聚焦远处的物体，而主要的视网膜在底部，专为最重要的近距离观察而生。大多数海洋中层带鱼类的视网膜适应于最大限度地利用少量的可用光线。深海鱼的视网膜不像人类和其他陆地动物的那样，有视锥细胞进行日间观察，视杆细胞进行夜视，

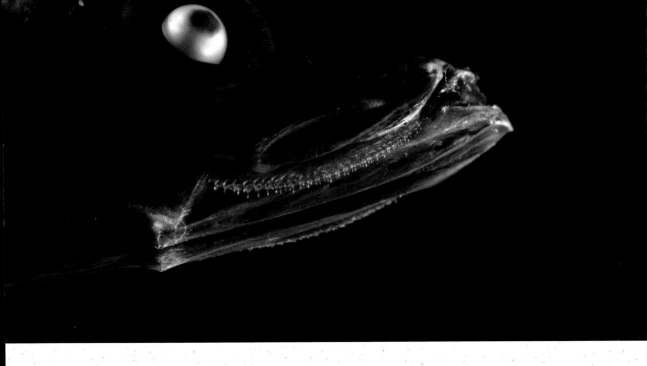

它们只有超长的视杆细胞，每个上面遍布吸收光线的色素分子，可以探测一个狭窄的波长范围的光线。

　　为了研究中层带以及深海中鱼类的眼睛，英国布里斯托尔大学的朱利安·C. 帕特里奇（Julian C. Patridge）和伦敦城市大学的罗恩·H. 道格拉斯（Ron H. Douglas）在 20 世纪 90 年代末观察了近 175 种鱼类。在检查它们的眼睛时，研究人员立即注意到，即使在下中层带最黑暗的区域和深海上层，鱼也有大眼睛。为什么呢？还有，为什么这些眼睛不仅对下降至中层带的太阳光中的单色蓝光敏感，而且还对更广泛一些的颜色范围敏感呢？这些颜色除了作为生物发光显然不存在于这样深的水下世界里。

　　通过对这些和其他方面的调查，帕特里奇和道格拉斯得出了一个初步结论，即中层带和深海鱼类的眼睛主要是针对生物发光而不是太阳光而进化的。他们能够表明，深海鱼的眼睛是为了探测其他动物发出的蓝光而生，而不是像之前认为的那样为探测来自太阳的蓝光。帕特里奇在《新科学家》杂志上解释说："阳光可能会助长

大眼下加利福尼亚黑头鱼（*Bajacalifornia megalops*）是一种生活在海底的海洋中层带和深层带鱼类，通常在 800 ～ 1 400 米游动。这张照片拍摄于北大西洋的大西洋中脊。

这是深海鱿鱼中的帆乌贼属未定种（*Histioteuthis sp.*），其巨大的左眼永远朝上。它在大约 500 米的深度过夜，白天则向上游到不到 200 米处。在那里，它用这只眼睛在水面过滤之后的光线中寻找猎物的暗影。鱿鱼的另一只眼睛朝下，适应于捕捉生物发光的闪光和其他猎物细微动作的信号。这种鱿鱼平均长约 10 厘米，但也可以达到 30 厘米长。

深海中的生命，但当涉及视觉时，生物发光才是驱动力。"

在海洋中层带生活着一类长相凶猛、大眼睛的鱼，它们是巨口鱼，例如龙鱼。一条巨口鱼通常只有 15 ～ 25 厘米长，但它巨大而伸展的下颚长满了长长的尖牙，使它能够捕捉和吃掉比自己大的猎物。整条鱼的大部分都是嘴，只有一条小尾巴用于游泳。巨口鱼的牙齿太长，如果它完全闭上嘴，那么牙齿将刺穿它自己的大脑。

像其他一些中层带和深海的鱼类一样，一条触须从巨口鱼的下巴上垂下。鱼往往利用这一会生物发光的肉质突起作为拟饵。触须也可以帮助一个物种的个体识别彼此。对于潜在的捕食者来说，触须可以掩盖鱼的真实大小和准确位置。触须的形状和长度在物种间各不相同。它可以是单独一根、很短、如发丝般的细丝，可以是肥厚、多分支的一股，也可以是葡萄状或花状的附属物，其他鱼类会将其认作虾或蠕虫。

这是一种深海龙鱼——单指真巨口鱼（*Eustomias monodactylus*），发现于大西洋中脊之上的中层水域。像它这类巨口鱼的生物发光触须是一种多用途的附肢。使用触须，龙鱼可以使自己看起来更大，还可以吸引猎物并分散其注意力。触须甚至有助于同物种相互识别。

　　触须可以达到鱼体长的 10 倍长度，而最高的比例通常发生在需要使自己看起来更大的小鱼身上。一条大小适中的 22 厘米巨口鱼竟拥有一条 1 米长的触须。对于潜在的捕食者来说，这条鱼可能看起来是一条大得多、有着巨大下颚的鱼。而且，即使触须受到攻击，在 1 米以外的巨口鱼也可以猛冲下来，并可能将捕食者变成自己的猎物。

　　在近 700 米水深处拍摄了许多大眼睛的鱼类之后，"苹果怪物摄影机"发现了一条中层水域的帆乌贼属（*Histioteuthis*）鱿鱼。它被一种发光器官照亮，这种发光器官的排列模式让它看起来好像从头部直到触手全都感染了麻疹。首先，我们看到鱿鱼的头部，有一只巨大的眼睛朝向水面瞪着。接着，当我们从这条大约 1 米长的生物下面经过时，瞥见了它的另一只眼睛，非常小。鱿鱼的大眼睛能充分利用来自水面所有可用的光线来获得图像，而小眼睛则收集来自下面潜在的捕食者、猎物或伴侣的生物闪光，并在必要时对其作出反应。

在更深处，我们得以一睹异枪鱿鱼（*Heteroteuthis dispar*）的面貌。它从外套膜（身体的主要部分）到触手尖端只有 7.6 厘米，不容易被发现，除非它受到惊扰。当"苹果怪物摄影机"没能对其表现出足够的尊重时，异枪鱿鱼作出了反应。但它不是用其他鱿鱼的标志性墨汁来迷惑捕食者，而是突然喷出一团生物发光云，像一场小型烟花表演，为它赢得了逃跑的时间。鱿鱼将喷水作为动力游走了，留下我们沉思光的奇迹。

我们下潜越深，出现的鱼类和鱿鱼就越少。一个计算结果估计，在这一区域平均每 4.17 立方千米只有 1 条雌性鮟鱇。4.17 立方千米是什么概念？加拿大萨斯喀彻温省里贾纳大学的斯蒂芬·拉·罗克（Stephen La Rocque）说，这相当于一个月内尼亚加拉大瀑布倾泻的水量。或者，如果你在曼哈顿岛周围建一堵高墙，并灌入 4.17 立方千米的水，那么只有高于 23 层的建筑物顶部会浮出水面。无论如何，当涉及找伴侣时，4.17 立方千米对于单独 1 条大约 30 厘米的鮟鱇来说实在是太大了。随着一个特定物种的数量越来越少，对于个体来说，至关重要的是要能够使用更奇怪和更极端的生物发光展示或其他策略来寻找配偶并向其发出信号。

在不同种类的鮟鱇中，可以发现克服在昏暗世界中生活困难的适应性。一方面，体型大的雌性鮟鱇看起来像一只真正的深海怪物，长有大牙、可扩张的下颚和复杂的发光装饰。另一方面，微小的雄鱼看来则像个不成熟的小弟弟，并且没有能力发光。事实上，雄鱼的鼻子和下巴上有钩形如细齿的突起，当雌鱼等待产卵时，它就用这些把自己固定在雌鱼身上。

在一些鮟鱇物种中，雄鱼会终生寄生在配偶身上。雄鱼的下颚和嘴周围的皮肤与雌鱼的身体融合，只在嘴的两侧留下一个小空间用于换气。随着时间的推移，雄鱼的循环系统会与雌鱼的相连接，它的内部器官和眼睛也退化了。雌鱼靠一己之力养活全家，而雄鱼实质上成了像某种不可伸缩的阴茎。对雌鱼来说，有个像"过滤

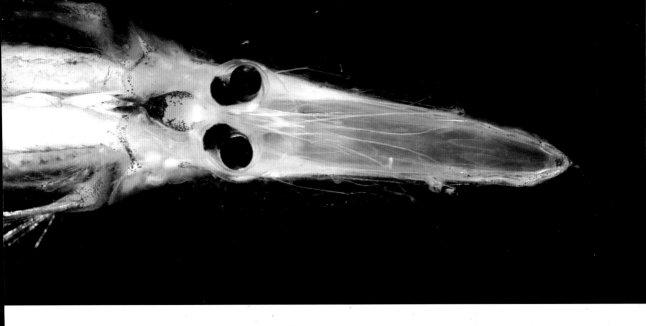

器”一样的伴侣也许不是什么好日子，说不定对雄鱼来说生活也好不到哪里去，但这很好地解决了在黑暗的深水中寻找伴侣的问题。

在1000米，几乎是中层带的底部，我们的“苹果怪物摄影机”开始捕捉到强烈的滴答声。抹香鲸！声音如此响亮，似乎抹香鲸就在我们周围，但我们却什么也看不到。几秒钟后，蓝鲸发出的轰鸣般的叫声为抹香鲸有节奏的滴答声提供了如交响乐的伴奏。

这种声级的增加发生在这一深度是因为海洋中特殊的“声道”。在海洋中1000米的典型深度，深水声道会折射声波，并能够将低音传播到数百至数千千米外的远处。鲸鱼不一定要在这个深度声音才会放大；它们的声音可以向下过滤到声道中，被接收和传播，就像通过一个强大的放大器和扩音器。

没有证据表明鲸鱼惯常使用这一渠道进行远距离交流，但我们知道蓝鲸和其他鲸鱼发出的声音能跨越一个大洋盆地。水听器曾接收到在冰岛附近发出的蓝鲸的声音，并在这些声音穿越大西洋直到加勒比海的边缘时对其进行了监听。它们是在呼唤伴侣、考查食物可得性，还是在尝试更复杂的交流呢？

“苹果怪物摄影机”的水听器中开始传出低沉的轰鸣声，这声

2006年描述的透明幽灵鱼，即大吻胸翼鱼（*Dolichopteryx rostrata*），拥有轻薄的骨骼和缩小的骨架，很适应在深海中生活。它只有7.6厘米长，栖居在北大西洋佛得角群岛附近的昏暗水域。请注意它奇怪的向上看的袋状眼睛和小嘴，长成这样是为捕捉微小的浮游生物。

一头跃出水面的柯氏喙鲸展示了主要在雄性喙鲸身上发现的典型伤疤，这是在与其他雄鲸在嬉戏或竞争中造成的。柯氏喙鲸对噪声很敏感，在海军声呐投入使用之后，世界各地都有一些大规模搁浅的记录。因此，西班牙海军在加那利群岛周围设有 92.6 千米的静默区，那里有许多喙鲸，而过去也曾发生过这些不幸事件。静默区的设立已经减少并可能消除了声呐引起的搁浅。

音迅速震撼着它，连它的整个水下外壳都开始振动。这是某种奇怪的鲸鱼或其他大型、大声的动物吗？声音频率并不限于低音贝斯那种音调，那些只是最先听到的、最明显的声音。事实上，音频遍布整个频谱，从低频到高频。总之，这就是噪声。但它是从哪里来的呢？

当然，如果进入声道，噪声也可以传播很远的距离，所以这些声音可能来自远方。美国海军不时会进行低频声呐演习，这些演习能将大洋盆地的很大一部分淹没在巨大的噪声中，这些噪声可能造成破坏，特别是如果这些声音进入深水声道。海军已经避开了一些鲸鱼和海豚经常出没的区域，特别是某些海洋保护区和被称为重要海洋哺乳动物区的栖息地，但这些只占海洋中鲸鱼和海豚实际栖息地的一小部分。

一般认为，海军声呐演习产生的中频噪声已经导致柯氏喙鲸（*Ziphius cavirostris*）和其他鲸鱼在希腊（1996）、巴哈马（2000）和加那利群岛（2002、2004）搁浅和死亡。1957—1967 年，因为当地的工业活动，包括噪声的影响，灰鲸放弃了它们在墨西哥进行繁殖的一个潟湖。在这些工业活动停止后的几年内，它们又慢慢回归了。同样，从 1993 年开始，虎鲸和港湾鼠海豚（*Phocoena phocoena*）放弃了加拿大不列颠哥伦比亚省沿海的一个区域，因为那里有音量很大的声学干扰装置，当这些装置在多年后被移除时它们才回去。

研究人员想知道，过去 10 年中，在加利福尼亚海岸附近被撞死的蓝鲸数量的增加是否可能源于不断增长的长期船舶噪声水平。自 20 世纪 50 年代以来，船舶噪声的强度每 10 年增加 3 ～ 4 分贝。这种噪声可以掩盖鲸鱼寻找伴侣或觅食地点的声音。噪声有效地缩小了它们的栖息地，压过了它们洪亮的轰鸣般的声音，使它们隐形了。对于使用声音作为觅食和导航工具的动物来说，失去发送和听到声音的能力有致命的后果。

巨大的噪声并不仅仅困扰着海洋哺乳动物。很多种鱼类，甚至无脊椎动物，如鱿鱼和螃蟹，都因这样的噪声而受伤或死亡。

接着，当我们的"苹果怪物摄影机"开始下沉得更深，到了中层带的边界时，一头柯氏喙鲸从它旁边冲过，鲸鱼的两胁和头部由于强大的水压而收缩。它是受到了巨大噪声的影响，还是仅仅只是游过呢？

在大多数情况下，海洋中层带是人类潜水员的禁区，尽管有一些实验性的科学潜水已经尝试短暂深入这一带的上部水域，使用特殊的混合气体供呼吸，并使用减压舱和其他专门设计的设备。这是一项非常危险的任务，而且大多数错误都是致命的。

在 550 米的地方，几乎是中层带深度的一半，爱德华·福布斯所认定的无生带开始，但这里实际上生活着数量惊人的生命。福布斯的标记浅得惊人，在这之下还有庞大得多的水体和生命。我们还尚未进入真正深的水域呢。

◆

深层水域

海洋深层带（无光层）
海面以下 1 000 至 4 000 米

洋深层带的英文单词 bathypelagic 来自两个古希腊词，意思是"深"和"海"，这个复合词的意思是"与海洋深处有关或生活在海洋深处的"。对于海洋学家来说，它严格指开阔海洋中 1 000 ～ 4 000 米的水域。

当"苹果怪物摄影机"潜入这一无光层时，我们看到，尽管所有的阳光在 1 000 米处已经全部消失，但鱼仍然有眼睛，主要是巨大的眼球。事实上，在浑浊的水域或光线不足的日子里，即使在浅得多的地方也已经变得像午夜般黑暗了，但 1 000 米被认为是阳光能穿透的绝对极限。在此以下，从深层带水域直到最底部都是一个完全没有光的黑暗世界。没有黑夜与白天之分，也没有可见的日常运动。当然，仍然有闪光，那是生物发光的表演，因此，有大眼睛的鱼或无脊椎动物可以获得优势。某些大眼睛的物种白天待在这一深层带，也许部分原因是为了避免被捕食，只有在晚上才会上升到中层带和表层水域去捕猎。许多深海生物在表层水域开始它们的幼体生活，到成年后再转移到它们的深水家园。

在 2 000 米，即深层带的三分之一处，我们遇到的鱼的眼睛变得越来越小，正在接近萎缩。当我们彻底穿过这一水域时，看到的眼睛或是非常微小，或是退化，甚至完全不见了。虾类，尽管通常

这是颚糠虾属未定种（*Gnathophausia sp.*），是一种糠虾。它的长度约为 13 厘米，尽管该属的另一个物种可以达到 35 厘米长。*Gnathophausia* 的意思是"轻下颚"。与其他深海甲壳类动物一样，该物种生活得越深，其外骨骼的钙化程度就越低。

在浮出水面多次呼吸后，布氏中喙鲸返回它们的深海高压世界，寻找鱿鱼和深水鱼类。在这里——夏威夷附近——它们更喜欢 700 ～ 1 000 米的深度。

有明亮的由橙到红的色彩，但没有眼睛。它们的颜色显然不是为了让同类看见，而可能是为了伪装，躲避使用蓝光进行生物发光照明的捕食者。

　　在深层带，压强增大了，从 1 000 米处的 10 135 千帕开始，止于 4 000 米处的约 40 540 千帕。中层带和深层带鱼类之间的许多差异被认为是由压强大增造成的。与中层带的鱼类相比，深层带鱼类的中枢神经系统发育不良，骨骼骨化程度低，没有鱼鳔或只有未发育的鱼鳔。其他的适应性，如较大的头部（以弱小的身体为代价）、相对较长的下颚和向内弯曲的牙齿，都与这一深度的猎物稀少有关，而且它们需要针对猎物的大小随机应变并确保一旦捕获就不会

让其逃跑。

　　特异适应这一深度生活的生物并不稀奇。但最不寻常的是，一些动物如抹香鲸、柯氏喙鲸和其他喙鲸，常规性地游弋于这一水域和海面之间。出现这种适应性是因为这些呼吸空气的哺乳动物必须定期返回水面。它们因为呼吸空气的需要而离不开水面，但在海洋的某些地方，它们的食物，主要是各种鱿鱼，却生活在海面以下1.6千米或更深处。因此，鲸鱼既需要良好的视力来观察表层水域的情况，同时还需要一种在夜间和黑暗中视觉用不上的情况下导航的方法。为此，它们使用声音来导航，分为主动回声定位，即发出信号并读取回声，和被动回声定位，即听取声音被物体和水下地形

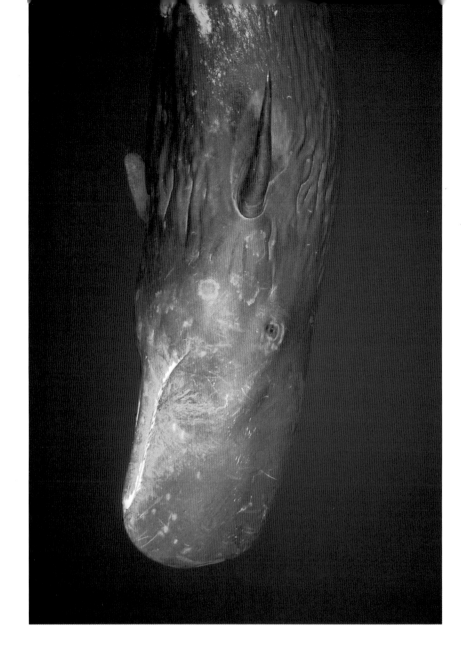

每一天，抹香鲸都在海面和海洋深处的黑暗高压世界之间多次来回垂直游动，这就是鱿鱼猎人的生活。它们至少每小时需要返回海面呼吸一次。

反射时的差异。

　　但鲸鱼、鲨鱼、海豹和其他海洋动物是如何适应不断变化的压力的呢？水压可以从表层水域的每平方厘米几十牛顿直到深海的每平方厘米几千牛顿。这样的压强变化会在几分钟内压碎骨头，并使人的胸腔和鼻窦腔内爆。此外，如果潜水员试图重新浮出水面，压力骤变还会给他造成最严重的减压病。

　　鲸鱼比其他海洋动物具有更特殊的机制来适应快速、深层的下

> 尽管鲸鱼在憋气和深潜方面的表现非常出色，但它们"仅仅"下潜到了海洋深度的 27%，远远没有达到最深的海沟。不过，与人类潜水员相比，鲸鱼还是有能力完成非凡的壮举。

潜和上浮。鲸鱼可能开始先吸入少量空气，在 100 米以下，水下的压力使它们的肺和胸腔收缩，防止气体进入血液并减少血液到肌肉的循环。在它们返回水面的过程中，血液中的氮气迅速传输到肺部，这也可能有助于防止发生问题。①

抹香鲸是著名的潜水冠军。它们的一些深潜是在 20 世纪 50 年代末记录的，当时抹香鲸被发现窒息而死，因为它们的下颚在觅食时被海底电报电缆缠住了。最近，抹香鲸被进行追踪研究，以确定它们下潜的深度。已知的最大下潜深度超过 1 200 米，有记录某些抹香鲸持续潜水超过 1 小时，典型的潜水时间为 45 分钟，下潜深度为 610～1 000 米。因此，抹香鲸似乎主要是在中层带内捕食，只不过它们的下潜深度纪录延伸到了深层带的最上端。不过很多情况都取决于它们的猎物在哪里活动。

北象海豹是第一种打破抹香鲸潜水纪录的动物。研究表明，这些动物可以在 2 388 米的深度待上两个小时，但它们一般的潜水要浅得多。2014 年，卡斯凯迪亚研究集团的科学家们在给 8 头柯氏喙鲸安装了卫星标识后，报告了南加州附近海洋哺乳动物的新潜水纪录。这些柯氏喙鲸达到了 2 992 米的深度，并在水下停留了 137.5 分钟，创下了纪录。然而，在 2020 年，一头柯氏喙鲸的憋气冠军在水下停留了 222 分钟，即 3 小时 42 分钟，才浮出水面

---

① 其实水下压力会将鲸鱼肺中的气体压进气管和支气管，同时氧气会和血液中的血红蛋白以及肌肉细胞结合。"减少血液到肌肉的循环"是鲸鱼大脑指挥的行为。另外，鲸鱼是会在深潜期间呼吸氮气的，因此血液中既有氧气又有氮气。——译者注

换气。毫无疑问，鲸鱼比其他海洋哺乳动物憋气的时间更长，潜得更深，但到底有多深？鲸鱼在南加州附近最深的潜水纪录接近了深层带的最深部分。尽管鲸鱼在憋气和深潜方面的表现非常出色，但它们"仅仅"下潜到了海洋深度的27%，远远没有达到最深的海沟。不过，与人类潜水员相比，鲸鱼还是有能力完成非凡的壮举。

海洋中层带和上层深渊带不仅有发光秀，而且还有原声唱片，灌满了各种鲸鱼的特色发声，这是它们交流和导航的声音：蓝鲸和长须鲸的叫声响亮、低沉如呻吟，而抹香鲸和海豚的则是连续又复杂的咔哒声，这些声音有的用于交流，有的则用作导航的回声定位。其他种类的鲸鱼，如深潜的柯氏喙鲸和布氏中喙鲸（*Mesoplodon densirostris*）（比抹香鲸潜得更深，但没有柯氏喙鲸那么深），穿行于大部分表层和中层水域，静静地观察着鱼类和各种无脊椎动物发出的闪光。也许它们保持静默是为了避免吸引虎鲸和鲨鱼等捕食者。只有当它们接近潜水的最深处，不可能存在虎鲸和大多数鲨鱼的地方时，它们才开始发声。也许这是它们最需要使用发声能力的时候，要靠声音来找到甚至讨论它们最喜欢的猎物鱿鱼的位置。

就这样，鲸鱼、海豚、海豹和海狮以与鱼类、鱿鱼和水母截然不同的方式解决了在弱光或无光世界中生活的问题。这些不同适应策略的最终结果是在海洋中层带和深层带上部创造了一种狂欢节一样的气氛，生机勃勃地充满了闪光、声音和动态。但是，海洋的这一部分只是一个精彩小节目，它类似于一个户外自然历史博物馆，展示了一些未被认识的世界奇迹。这是海洋深处的一角，充满生命的可能性，在这里，声光语言以令人眼花缭乱的多样形式表达出来。

生物发光的鱼类和大眼睛鱿鱼能看到和听到一些来自其他动物的光和声音，但它们所接收的大部分甚至全部声光信息，一定都混乱不清。这些信息除了在某一生物所生活世界的直接情境中，没有任何意义。因此，"交流"可能是纯粹的欺骗，就像魔术师的障眼法。当我们了解到，一种动物跟随另一种动物的闪光却成为它的猎物时，我们就开始掌握发光行为背后的意义，并理解物种之间明显的断联，即信号误解，实际上是故意的，是生态系统中捕食者与猎物的日常摩擦的一部分。

海洋中的物种之间没有通用语言，就像陆地上的人类没有共同语言一样。诚然，物种之间存在着营养循环、能量流动和一些共生关系，不同的物种生活在一起，一方或双方都受益，无论另一方是否"知道"。但是，如果我们认同生态系统是一个由相互作用的生物体及其物理环境组成的生物群落，那么一个有效的生态系统，在很大程度上可以被看作一种相互作用但并不真正相互交流的物种之间的紧密纠缠关系。我们熟悉从狗到大象的陆地动物，所以我们能够破解其中的一些密码。但是，人类仅仅试图在自己的物种内沟通就要花大力气，要理解来自截然不同的人类文化的视觉、听觉和其他信号，要容忍其他人，要坚持和平而不发动战争。由于我们的时间和精力被这些事分配和占用了，因此我们对深海世界的理解仍然是粗浅和初级的。

在深层带的中段，我们遇到深海中一个进化得很奇怪的家伙：幽灵蛸（俗称吸血鬼鱿鱼）。当威廉·毕比遇到这一物种时，他称其为"可怕的章鱼，像夜一样漆黑，有象牙白的下颚、血红的眼睛和邪恶的手臂"。幽灵蛸大多是棕红色，少数是黑色，但肯定都有大眼睛，体长大约 20 厘米。它闪烁着发光器，然后又用皮瓣盖住它们。不过它既不是章鱼，也不是鱿鱼，更不是吸血鬼，而是因其深暗的颜色和触腕间像斗篷的腕间膜而得名吸血鬼鱿鱼的。它的蓝眼睛可以在一瞬间变成深红色。幽灵蛸在 1903 年被发现，最初人们认为它是章鱼的一种，而实际上它有 10 条触腕，这是鱿鱼的特征，但其中 2 条又与鱿鱼的不同，不仅长得多，而且没有吸盘。这两条特殊的触腕收缩后藏在腕间膜外的小囊内，需要时展开，可能是感觉器官。幽灵蛸被认为介于鱿鱼和章鱼之间，已被列入它自己的目，即幽灵蛸目。它的种名 *Vampyroteuthis infernalis*，意思是

"来自地狱的吸血鬼鱿鱼"。

虽然它的名字和外观可能令人害怕，但幽灵蛸其实优雅而灵巧，它慢悠悠地游着，舞动着像翅膀一样薄薄的鳍，并伸出两根长须来收集碎屑，这些碎屑也被称为"海雪"。幽灵蛸其实根本不危险，以藻类、死亡的浮游生物、最微小的甲壳类动物壳上的碎屑和各种排泄物为食。有记录的最大尺寸的幽灵蛸是一只雌性，长22厘米。它真算不上什么怪物。

幽灵蛸一生都在900～3 000米的深海度过。在交配过程中，雄性将一个精包释放到雌性的生殖器口，就像大多数鱿鱼和章鱼交配时一样。刚孵化的幼体有8条触腕。当幽灵蛸不到2.5厘米长时，它的2条感觉触腕、腕间膜和发光器官就会发育。

幽灵蛸并不假装自己非常危险，而是用触腕将自己包裹起来，似乎是为了在捕食者接近时使自己看起来更小、更不显眼。如果这一策略不奏效，它可能喷出墨汁①。有时，它还可能采取自残的方法来自救，折断或咬断一条腕尖。腕尖会发出蓝色的生物荧光，然后漂走，也将捕食者的注意力转移走，结果捕食者只能啃到一点零食而已。过一阵，幽灵蛸又会重新长出腕尖。千变万化的自残行为不是什么噱头，而是各种鱿鱼和幽灵蛸的生存手段。

当"苹果怪物摄影机"悬浮在2 000米处时，其强大的光束探测到一个巨大的黑暗形状在远处隐约可见。我们漂得更近一些来细探究竟。此时，一些较小的游动的黑暗形体——不知是海豹、鲨鱼，还是更多的鲸鱼——浮现在我们的视野中，它们同样被这座巨大的黑色方尖碑所吸引。我们遇到了一座海山。

海山是水下火山，通常是死火山，从海底隆起至少1 000米。它们通常靠近大洋中脊，即巨大的水下山脉，但仍然单独成形，或组成自己的小序列。一些海山在它们的地质生涯中产生了大量熔

---

① 幽灵蛸所喷出的"墨汁"严格来说是大量黏稠的发光黏液。——译者注

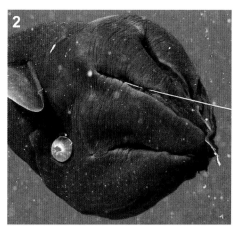

以下是幽灵蛸在其自然栖息地的连续画面。这些照片来自加利福尼亚州蒙特利湾水族馆研究所的水下视频序列。

（1）幽灵蛸以典型的摄食姿势漂在水中，两根带毛长须中的一根伸展出来。

（2）特写视图。

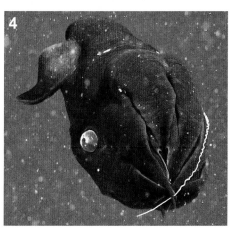

（3）后视图，幽灵蛸伸出一条摄食的长须。

（4）幽灵蛸用它的触腕将食物从其中一根长须上刮下来。

（5）幽灵蛸打开它的腕间膜，露出一些"海雪"食物，即在它的嘴里和周围水中可以看到的白色斑点。它触腕上柔软、像手指一样的突起称为须毛，可用于将食物转移到嘴里。什么是"海雪"食物？2012年的一项研究显示，幽灵蛸主要食物是死亡浮游生物的颗粒、最微小的甲壳类动物的壳屑、藻类、各种排泄物和其他碎屑。尽管幽灵蛸（吸血鬼鱿鱼）的名字很吓人，但它们和宠物金鱼一样对人类无害。

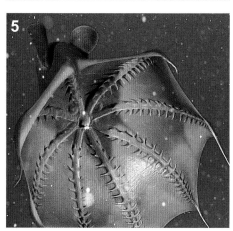

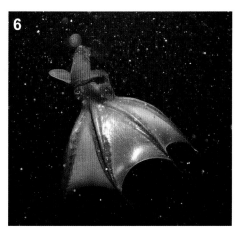

（6）幽灵蛸在深暗的水域缓慢移动。

（所有照片版权属于蒙特利湾水族馆研究所）

科学家从西南印度洋中脊龙旂热液区附近的珊瑚海山采集了冷水珊瑚，如石珊瑚和竹节珊瑚（这里看到的珊瑚上面有一条多毛虫，或称刚毛虫）。拖网捕鱼和二氧化碳水平上升引起的海洋酸化对深海珊瑚环境的威胁越来越大，而深海珊瑚为幼鱼提供庇护，因此对商业鱼类种群的恢复至关重要。

岩，使它们最终能够突破海面，那时它们就被视为岛屿了。世界上已知最大的海山是夏威夷的莫纳克亚山，严格地说，它也是地球上最高的山峰，在突破海面前上升了 5 500 米，然后又继续上升了 3 650 米，顶峰是 9 150 米，比珠穆朗玛峰高出约 300 米。不过，大多数海山仍然隐藏在海面以下，所以会对冒失的潜艇构成困扰和危险。那些没有及早认识到海洋生态密集程度的潜艇就会付出代价。

2011 年，《深海研究》杂志刊登了伦敦动物学会和牛津大学研究人员的一项发现，即海山覆盖了 5% 的海底，数量约为 33 000 座。海洋生态学家亚历克斯·罗杰斯（Alex Rogers）更倾向于高于 100 米就是海山的生态学观点，照此标准的话，海山数量将在 15 万到超过 2 500 万之间。大多数海山都没有得到充分的研究和重视，除了渔民的关注，他们寻找海山，将其视为高产的渔场。同

时，他们的拖网和其他渔网也造成对海山的破坏。在很大程度上，各领域的海洋学家和深海动物学家只是最近才开始关注海山，部分原因是，除了少数上升到较浅水域靠近海面的海山外，要到达海山十分困难，且耗资巨大。迄今只有大约300座海山的生物宝藏得到了研究。

海山是吸引生命的磁铁。火山活动带来生物体爆发式的繁育，它们在不同深度、坡度、水温和水流的栖息地茁壮成长，这创造了高度多样化的生态系统，其中包含许多特有的地方物种。人们大约从2000年起才开始仔细研究深海珊瑚，它们在海山及其周围繁荣生长，有大约1 300个已知物种，其中一些仅生长在特定海山上。甲壳类动物，如石蟹、海螺和铠甲虾，以及众多无脊椎动物生活在

这个螺旋形深海珊瑚是在2 000米处发现的，生长在墨西哥湾德索托峡谷南部的峭壁悬崖边缘。请注意那只细长腿的柱臂虾科螃蟹 *Eumunida picta*[1] 在珊瑚群的精致枝条间安家。

---

① 铠甲虾类动物的一种。——译者注

一起，使丰饶的生态更加多彩。在一座典型的海山上，1/3 的物种可能是仅栖息于海山的居民，而其中多达一半可能是科学界未知的物种。

伍兹霍尔海洋研究所（WHOI）是海山研究的领导者之一，在北大西洋深处对巴拉努斯（Balanus）、纳什维尔（Nashville）和雷霍布斯（Rehoboth）海山进行了潜水考察。这些海山都是新英格兰海山链的一部分，是在 1 亿多年前北美板块移动到新英格兰热点上形成的。其他位于更东边的海山包括亚库塔特（Yakutat）和卡洛萨赫奇（Caloosahatchee），属于角上升海山群（Corner Rise Seamounts）的一部分。伍兹霍尔海洋研究所的海洋生物学家蒂姆·尚克（Tim Shank）在 2005 年探访了这些地区，发现了壮观的珊瑚以及带有两个物种的海百合的海绵。

在没有巨大海山点缀的地方，深层带延伸到 4 000 米深处。在公海或深海海沟的上方，这个深度只标志着从海面开始的一半或更浅。但在大陆架以外的许多地方，这一范围包括了整个海的深度，大陆架沿着许多深渊丘陵向下倾斜，直到深渊平原。深层带的底部大约相当于世界海洋的平均深度：3 790 米。

惊人的压力仍在增加，就像一把老虎钳，从四面八方包围并夹紧"苹果怪物摄影机"。一条很小但长相凶猛的鮟鱇游进视野。不像巨口鱼长有触须，某些深海鮟鱇的头顶上有一个骨质突起，它们将其作为吸引猎物的拟饵。这一突起原本是该鱼背鳍的一部分，经过进化，鱼鳍的第一根脊椎前移变化成了一种钓竿。该突起的大小和形状差别很大。最有趣的是，鱼头部进化出一道凹槽专为在不用的时候收纳这根钓竿，因为这样一个突起在交配或进食时可能会让鱼分心，而且在逃离捕食者时也可能会让鱼减速。对此的解决方案是现成的。鮟鱇利用其专门生长的肌肉，调整骨质突起的位置，并将其锁定在凹槽中，紧贴身体。

感觉到我们的"苹果怪物摄影机"的存在，这条鮟鱇开始"钓鱼"，它的鱼竿顶端闪烁着发光的拟饵，像一个黑暗中的灯塔。随着摄影机的靠近，鮟鱇将拟饵向嘴边移近。然后是一个惊人的景象，只见怪兽垂下下颚，鳃盖扩张，"苹果怪物摄影机"仿佛顿时面对着一个吞噬一切的巨大无底洞，然后……漆黑一团。我们被吞下去了吗？没有。在以身试险之前的一刹那，"苹果怪物摄影机"已经警觉地下沉消失，回到了不可见的黑暗中。是时候下潜到更深的地方了。

◆

更深的水域

深渊带

海面以下 4 000 至 6 000 米

漆黑如墨，随着"苹果怪物摄影机"的不断下沉，没有可见的光线变化。压力表继续快速上升，从 40 541 千帕上升到 60 811 千帕，"苹果怪物摄影机"开始穿越深渊带探险了。在这样黑的深度，我们的灯光似乎更具有侵扰性，因此我们偶尔会关掉灯光，以获得更真实的画面：除了一片黑暗，什么都没有。

从古希腊语的字面意思翻译过来，abyssopelagic（深渊带）的意思是"无底的海"。abyss（深渊）是英语中一个更引人遐思的词，用来描述深不可测的裂隙，难以逾越的鸿沟，无法衡量的深度或虚空。深渊的惊人深度是 4 ～ 6 千米，但它仍然不是海洋最深的部分。

深渊横跨海底的广大区域，包括大部分深渊丘陵（地球上最常见的地质特征）和深渊平原。它们共同构成了大部分海底——仅除去海脊和海沟，前者是与所有板块相接的广大火山区域，后者则远在西大西洋和太平洋的深渊平原之下，深度低于 6 000 米。

在这里，我们开始进入微小而无眼的怪物所在的区域。然而，尽管许多鱼类和无脊椎动物的体型都在逐渐缩小，一些无脊椎动物却呈现出相反的趋势，变得更大。深水巨型红色巨额颚糠虾（*Gnathophausia ingens*）的长度达到近 35 厘米，是上层水域糠虾的 15 倍。等足目的大王具足虫（*Bathynomus giganteus*）可以长到 42 厘米，相对来说是巨大的体型。而端足类动物深海钩虾（*Alicella gigantea*）

---

14 000 种桡足类动物中的大多数都是 1 ～ 3 毫米长，但这只深海桡足动物 *Gaussia princeps* 是一个巨人，两触角间距离超过 2.5 厘米。它有时会以生物发光的"烟花"表演来逃避捕食者，让光在身后留下一团明亮痕迹以分散对方注意力。

> 巨型化的产生可能有几个原因。首先，稀缺的食物和低
> 温降低了生长速度，增加了性成熟和长寿所需的时间，
> 从而导致更大的尺寸。其次，巨型化可能只是代表了高
> 压下新陈代谢的一种特殊性。

可以有 19 厘米长。桡足动物 *Gaussia princeps*[①] 的尺寸略小于 1 厘米，几乎是贴近海面自由游动的桡足亚纲哲水蚤目动物平均尺寸的 10 倍。鲜红的虾可达 30 厘米长，触角是这个长度的两倍。在这个深度的海底，一些海胆的直径有 30 厘米，是浅水物种直径的 10 倍。

教科书版终极巨型化的例子是大王鱿（*Architeuthis dux*）。这个学名说明了一切。古希腊语 *arkhi* 的意思是"首要的"或"最重要的"，*teuthis* 的意思是"鱿鱼"，拉丁语 *dux* 的意思是"领袖"。因此这个学名的意思是"首要的鱿鱼领袖"。有些鱿鱼物种只有 2.5 厘米长，但大王鱿将巨型化推向了令人敬畏的进化终点。大王鱿相对较少被冲上岸，其中最长的是一只 12 米的个体，现存于博物馆，尽管研究人员提醒说，测量的长度可能会因触手的弹性而变化。这种软体动物被认为是所有无脊椎动物中最长的，根据用喙的大小来估计身体长度的方法，其长度可能达到 20 米。已知最大的大王鱿的体重可能会超过 275 千克。它的八条较短的手臂有数百个吸盘，而两条近 10 米长的触手每条在末端都拥有至少 100 个锯齿状的吸盘。

巨型化的产生可能有几个原因。首先，稀缺的食物和低温降低了生长速度，增加了性成熟和长寿所需的时间，从而导致更大的尺寸。其次，巨型化可能只是代表了高压下新陈代谢的一种特殊性。无论如何，自然选择肯定发挥了作用。大尺寸、延迟的性成熟和更长的寿命对深海生物来说都是有用的。较大的幼体可以避开捕食者，有更广泛的不同尺寸的食物选择，并在更广泛的区域寻找食物和配偶，而更长的寿命将使动物有更多的时间来寻找配偶。

---

① 一种桡足类动物。——译者注

然而，一些鱿鱼会非常快地长到大尺寸，并在比较年轻的年纪就死去。据推测，大王鱿的最长寿命不超过 5 年，虽然超过其他一些鱿鱼物种，但相对于鲸鱼 50 至 200 年的寿命来说，似乎很短暂。一头鲸鱼在几十年内，取决于不同的物种，可能每 2 到 5 年才会产下 1 头幼崽。而在大王鱿短暂的生命中，它可能会格外多产，像其他鱿鱼一样产生成千上万的后代。

不过，在这一深度，巨型化只影响到某些物种。深渊带的大多数无脊椎动物都比浅海中的同类动物小。事实上，海洋更深处和海底的动物的总体趋势是向小型化发展，而且往往是极端小型化。近年来，海洋学家已经开始使用 0.3 毫米的筛网收集标本，因为他们注意到很少有物种出现在 1 毫米的筛网里，而那已经比以前的拖拉网要细得多了。尽管有海怪的传说，但深海主要是一个"小生物体"的栖息地。

深海安静得有些诡异。在深水声道中，使"苹果怪物摄影机"的水听器振动的噪声和远处鲸鱼的叫声现在显得微弱了。

就压力而言，我们正在进入可使车辆坍塌和头颅萎缩的区域。在深海海洋学家进行的"实验"中，包含迫使许多生物保持微小体型的压力似乎是不言自明的。有些花很长时间在海上，从船边往水里下放研究包的海洋学家会在包裹上贴一块泡沫塑料一起送下水，看看包被拉回水面时它会变得多小。当然，包裹下放得越深，返回时泡沫塑料就越小。泡沫塑料杯会变成扭曲的顶针。

当经验丰富的海洋学家开始向他们的研究生介绍测量、固定和下放泡沫塑料的仪式时，这个笑话就变成了物理学课。所得结果很快具有了珍贵纪念品的身价，年轻的研究人员都迫切想拥有一个这样的纪念品来展示他们在探险中探测到了多深。一些海洋学家会带上一两个通常用来展示发饰和帽子的那种泡沫塑料人头，以揭示深海对人头大小的东西会造成什么影响。结果这些人头会变得看上去像新几内亚土著曾经收集的那些萎缩的头颅。当这样一个小脑袋从深海中被拉上来时，往往会引发紧张的笑声。

◆

最深的水域

超深渊带
海面以下 6 000 ～ 11 000 米

深渊似乎是终极深度，但在深渊之外还有超深渊带（hadal zone）。英语的 hadal 一词与表示冥府的 Hades 相关，在法语中这个词是 Hadès，但这一切当然还是要回到古希腊语中。在荷马的作品中，Hades 原是阴间之神的名字，但后来，它成为他的阴间宅邸或王国的名字，那也是死去亡灵的住所。

海中的超深渊带包括太平洋各处的海沟，特别是在西太平洋，以及中美洲和南美洲沿岸的东、中、南太平洋。在印度尼西亚附近的印度洋东北部、加勒比海东北部和靠近南极洲的南大西洋也有海沟。如果说深海的大部分海床由深渊丘陵和平原组成，那么到了超深渊带，平原在凹凸不平的岩石裂缝中骤降，这些裂缝向下延伸，比深渊带还要深 5 千米，一直到世界的底部，到最接近地心的泥坑中。这些宽阔的海沟标志着海洋中扩张的海底板块与陆地板块碰撞的地方。构造板块在这些强震区的运动产生了这些海沟，也创造了大洋中脊上长长的裂谷。

随着"苹果怪物摄影机"渐渐下降到看似无底的海沟中，鱼类变得越来越小。有些仍然是黑色的，但其他的已经变成污浊的白色，甚至因为没有任何色素而无色。在这块僵尸般的土地上，动物似乎更少了，但人们对可能潜藏的更多奇怪形态的期待却大大增

这只粉色、透明、未命名的海参生活在西里伯斯海 2.4 千米深的水域，它刚吃完一餐——注意它塞满的肠道。在吸收和过滤海底物质作为食物后，这只海参用围绕它身体前部的翼状领把自己推离海底。然后它会顺着水流到达一个新的进食点。

加。可能在海底的渗出物上面或里面爬行的东西引起我们的好奇心，使得我们兴趣盎然。海底会不会被证实比这些深水层有更多的生命呢？

在海沟里甚至更安静了。我们会不会看到世界上强大海军的秘密潜艇（据说他们使用太平洋的海沟），从黑暗中赫然浮现出来？海军潜艇总是努力保持安静并竭力倾听，它们会在我们听到它们之前先听到我们的声音。几艘潜艇可能就在我们周围潜行，而我们永远不会知道。

在这一深度，持久的黑暗（还能变得多黑？）与深渊带或深层带的水域并无区别。但是，与透光带的距离越来越远，与阳光的源头越来越远，以及急剧增加的压力，使这里成为人类和一般动物在地球上的极端禁忌之地。

到目前为止，每下降一个水层，压强都有所加强，但其他水层顶部和底部之间的差异要比超深渊带的小得多。超深渊带的深度占到了海洋的一半，当我们进入时，压强是 600 个大气压（是我们在海面上的 600 倍），也就是 60 795 千帕。但这只是开始。当我们到达底部，即太平洋海沟深处 11 033 米时，压强将超过 1 100 个大气压，或 111 457 千帕。这相当于"苹果怪物摄影机"的每平方厘米要承受超过 1 吨的重量。

有人会说，以冥府的名字命名超深渊带很贴切，甚至可以说描摹程度还不够，因为这实在是个黑暗、严寒、高压的鬼地方。但这种看法只是对那些无法忍受压力、寒冷、黑暗和食物相对匮乏的生物来说的。在有些进化生物学家看来，深海代表着边缘地带，那些无法在上层水域生存的物种不得不到这里来。然而，对于那些适应这里生活的动物来说，这里就是家。

尽管有各种极端情况，但超深渊带提供了持久的稳定性。任何一个物种，如果能够或多或少地依赖日复一日、年复一年的相同的环境条件，那么它在深海就有巨大的优势。深海物种从不受飓风、

管水母是一种复杂的刺胞动物——由专门的增殖个体组成的群居动物，这些个体彼此相连，而不是独立运作。图中的物种 *Stephanomia amphitridis*[①] 生活在大西洋深处。

---

① 一种刺胞动物。——译者注

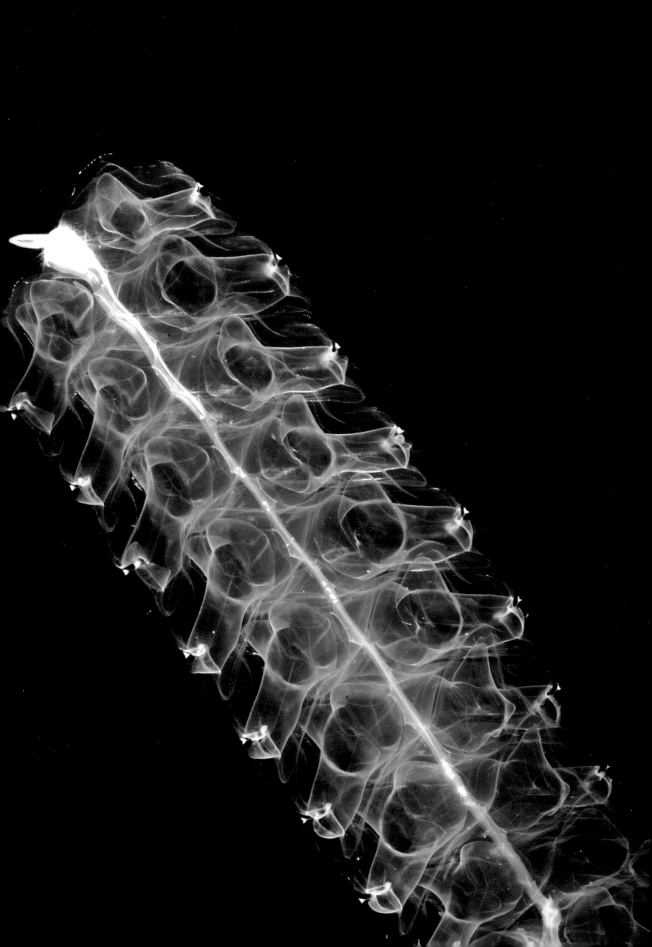

> 但是，汤姆森只是幸运地选对了地方，还是整个深海都同样充满了生命？深海生命是由相同种类的物种组成，还是完全不同的呢？那些活化石又在哪里呢？

冰期或埃尔尼诺现象的困扰。在深海中，事物的运动是如此缓慢，但在海沟中连这样的运动也不多。可是，深海生活的天然危险，如偶尔发生的水下地震和火山爆发，当它们真的出现时，可能是灾难性的。

从历史上看，对海底是否有生物生存的探索遵循两条主线。第一就是投放拖拉网，试图从深层带、深渊带和超深渊带等越来越深的水域中拉出其底层动物群。第二件事是一项更具挑战性的任务，即人类亲自探访深海，看看海底到底是什么样子，跟随威廉·毕比乘坐他的深海球形潜水器率先挑战中层水域的榜样。

爱德华·福布斯开始了从海底打捞生命的最初努力，但他放弃过早，宣布在 550 米的深度以下为无生带，或无生命区。19 世纪 50 年代，查尔斯·怀韦尔·汤姆森（后来被任命担任爱丁堡大学福布斯的自然历史讲席，且受封爵士）重新开始探索，他确信海底有生命，而且在阅读了达尔文的著作之后，认为这些生命中的一些甚至可能是古老的。他和当时的其他人想知道深海是否可能是已被认为灭绝的生物形式，也就是所谓活化石的避难所。

汤姆森去拜访了挪威生物学家迈克尔·萨尔斯（Micheal Sars），看到他从 550 米深的罗弗敦峡湾打捞出的惊人的海洋动物收藏。最值得注意的是一种海百合（海百合纲），它属于原始的棘皮动物——这一门包括海星、海蛇尾、海胆和海参等——当时的人只从 1.2 亿年前白垩纪早期的化石中知道有这种生物的存在。有柄海百合（*Rhizocrinus lofotensis*）有时高达 1 米，看起来更像一种植物而不是海星，但它实际上是一种动物，将自己固定在渗出物上，通过在水中扫动其叶状体来获取食物。

海百合，以及更多发现的前景，使汤姆森和他的朋友 W. B. 卡彭特（W. B. Carpenter）争取到了皇家海军的支持。通过伦敦皇家学会，他们探索了不列颠群岛北部和西部的深水区，并向南直到伊比利亚半岛。年度夏季探险开始于 1868 年，乘坐英国皇家军舰"闪电号"；随后几年，"豪猪号"和"剪水鹱号"也相继成行。考察队将打捞深入 4 450 米以下的底部渗出物中，拉出了一网又一网生命的证据。开始，他们发现的大部分是从表层水域掉下来的动物骨骼，但在 1869 年 7 月，在爱尔兰西南部后来被称为豪猪深渊平原的边缘，也是他们到达的最大深度，船上吱吱作响的 12 马力发动机帮他们拉出了最深处的战利品：各种软体动物、环节蠕虫、海绵和棘皮动物，这些都是真正的深海居民。

汤姆森使福布斯的无生带观念变得毫无意义。但是，汤姆森只是幸运地选对了地方，还是整个深海都同样充满了生命？深海生命是由相同种类的物种组成，还是完全不同的呢？那些活化石又在哪里呢？

为了回答这些和其他问题，汤姆森策划了一次多学科的环球航

这张特写来自 2012 年由美国国家海洋和大气管理局（NOAA）赞助的墨西哥湾探险，它展示了一只 5 厘米长的海蛇尾缠绕在一株柳珊瑚上。海蛇尾经常捕捉悬浮在水中的食物颗粒，但它也以珊瑚虫为食。注意这些枝丫上的黄色花蕾，它们是缩回的珊瑚虫。

行。除了发现很多生命外，他还在不同深度测量了温度，这激起了关于海洋循环和深海可能发挥的作用的争论。汤姆森回来寻求支持时，发现皇家海军急于在铺设海底电报电缆之前对深海进行调查。在皇家海军和广泛的科学支持下，汤姆森得以组织乘坐皇家军舰"挑战者号"进行长达三年半的远航。从1872年到1876年，这艘船航行了110 930千米，进行了大约300次拖网打捞，从深海中捞出了估计13 000个动植物物种，包括近5 000个新物种。

最初的时候，船上的人都会围观被拉上来的东西，想知道可能会出现什么新的怪兽。但很快，无休止的下网工作变得枯燥乏味，每次拖网被放下后，都要花几个小时才能拉上来，厌倦几乎要导致哗变了。但汤姆森一直是个投入的博物学家，自始至终保持着他的好奇心。偶尔，拖网会捕到怪异的生物发光宝物，但没有真正的海怪或类似恐龙的活化石出现，只有一个可能的例外：一只小小的旋乌贼目（*Spirula*）乌贼，它被认为是古代和现代乌贼之间的一个缺失环节。

汤姆森没有发现什么可以支持19世纪关于海怪化石的伟大想法的证据。其他研究人员后来发现了一些"活的深海化石"，如前面描述的世纪之交发现的吸血鬼鱿鱼和1938年在南非附近发现的被认为已经灭绝了7 000万年的腔棘鱼。这些足以让海怪化石的想法继续存在，不过很勉强。化石，不管是活的还是死的，都没有像人们所希望或相信的那样在海中普遍存在。事实上，深海的多样性让汤姆森和参加"挑战者号"探险的其他人感到有些失望，尽管他们也收集了大量的标本。直到后来，他们才意识到，问题主要出在他们的拖网打捞方法上。在20世纪60年代，当使用了更细的网，并且捕捉深海生物的技术更加完善后，科学家们成功捞起了更多的物种。

作为海洋学上的一个转折点，"挑战者号"探险对整个海洋进行了探测，使人们首次一睹世界海洋盆地的形状和深度。它发现了北大西洋的大洋中脊，这是世界上最长山脉的一部分，并帮助确定了世界海洋中主要海沟的位置，这些是地球上最深的地方。实际上它还发现了著名的挑战者深渊——马里亚纳海沟的深处，靠近关岛——并从离最深点仅80千米的地方提取了一点泥浆。汤姆森余生的大部分时间都用于研究"挑战者号"探险的发现，仅生物学方面就撰写和编辑了三十四大卷著作，并对许多其他发现进行了阐述。

"挑战者号"探险为美国和欧洲的海洋学探险铺了路。在20世纪初，摩纳哥的阿尔伯特王子在6 000米的深渊平原上放下拖网，捞起了一些海蛇尾、一条鱼和其他一些小生物。多年来，他保持着在深海发现生物的纪录。

直到乘坐"加拉西娅号"的丹麦深海探险（1950—1952）开始，人们才最终研究了海沟。菲律宾海沟的深度是用一个拖捞网下沉10 180米进行采样的。虽然不是海洋的最底部，但也已经在底部的430米之内，深入了超深渊带。事实上，英文中的hadal（深渊带）一词就是哥本哈根的海洋学家和动物学家安东·F. 布鲁恩（Anton F. Bruun）在这次探险之后创造的。

"加拉西娅号"的拖捞网带回了海葵、软体动物、多毛类环虫、蠕虫和大量的海参——基本上都是食泥动物，即摄取泥土中所含食物的生物。80年前，"挑战者号"探险也发现了这些相同的动物群体，尽管物种是不同的。海沟物种主要是棘皮动物，体型偏小，不是怪兽，也不是鱼。尽管靠拖捞网在深海捕到鱼不太可能，但似乎鱼的数量（生物量）和种类（多样性）在海沟中也下降了。

"加拉西娅号"将拖捞网伸进了海沟的深处，但没有到达海沟的最深部分。1951年，也就是"加拉西娅号"开展海洋最深处探索的同一年，英国的皇家军舰"挑战者二号"——一艘继承了其传奇前辈名字的船——在关岛西南菲律宾海沟的一些地点用声波测量了马里亚纳海沟的底部。这个地方被称为"挑战者深渊"，其深度被记录为10 900米。到达地球上最深的领域并真正接触到它的荣誉，被留给了载人潜水。

大约在威廉·毕比准备下潜到中层水域的时候，瑞士物理学家和发明家奥古斯特·皮卡德（Auguste Piccard）正在用他的连接着铝制吊篮的高空气球打破纪录。他乘坐这个气球爬升到超过

16千米的寒冷高度，在此过程中的呼吸依靠从一个罐中吸入加压氧气。但是皮卡德也在考虑深海。刚从高层大气中取得胜利，他就在1933年的芝加哥世界博览会上遇见了毕比，并看到了由奥蒂斯·巴顿设计的深海潜水球。在接下来的四分之一个世纪里，皮卡德致力于设计和建造一个小型载人潜水器来探索深海——要真正配得上儒勒·凡尔纳（Jules Verne）和他的《海底两万里》。皮卡德喜欢坚固、抗压的钢球的想法，毕比和巴顿就是凭此取得成功的。皮卡德把他的潜水器设计得更大了一些，达到2米，而且更坚固，可以承受更大深度的压力，还配备了更厚的钢壁和当时称为有机玻璃的实验塑料舷窗。然而，他的主要进步是取消了潜水器与船的连接。皮卡德的发明将是一个真正的水下交通工具。他将自己关于气球的想法应用于深海交通工具，设计了一个带有多个大型箱的潜水器，箱内可以填充空气、海水或比海水轻的汽油。他还设计了一个隔间，用来存放做成小球形的压舱铁，这些压舱铁可以根据需要抛下海，以便使潜水器上升或返回海面。

皮卡德将他的发明称为"深海潜水艇"（bathyscaphe）。毕比和巴顿的球形深海潜水器被称为bathysphere，是古希腊文，直译过来意为深海球，而皮卡德的潜水器则是一艘深海船。一旦到达所需的深度水平，深海潜水艇就依靠推进器向前移动。但在实际操作中，它行进缓慢并且很难操控，无数次的试运行只是对此略微有所改善。

由比利时政府资助的第一艘深海潜水艇原型在1948年进行了测试。它没有载人，成败参半。此后，不同的瑞士赞助者和意大利的里雅斯特市接管了对改进型号的赞助。1953年，新命名的"的里雅斯特号"在那不勒斯附近下水，它的长度是原来潜水艇的两倍。皮卡德当时已将近70岁，他和他31岁的儿子雅克一起乘坐其中下潜了3千米，撞上了沉积物并开始慢慢下沉。皮卡德父子已经打破了所有纪录，下潜深度几乎是毕比和巴顿在20年前的4倍，但是当他们在船体外看不到任何生命时，庆祝的心情一下就冲淡了。部分问题出在"的里雅斯特号"陷入了泥潭中。即使有船上强大的外部灯光，他们也看不到任何移动的东西。他们把一切都吓跑了吗？

在某种程度上，也许果真如此，但地中海的深海生物本来也不那么密集，正如其他先驱研究者，如福布斯，甚至更早的亚里士多德发现的那样。无论如何，皮卡德父子不得不寻找新的赞助人。1957年，美国海军在那不勒斯附近的地中海委派了15次潜水（后来增加到26次）。雅克·皮卡德（Jacques Piccard）担任引水员，护送海军科学家一个接一个下海进行观察和实验。虽然主要工作是为冷战防御而进行的通信和武器方面的准备，但他们确实在中层水域发现了很多生物发光的鱼类，并在深海发现了大量生物。

美国海军对这次工作很满意，从皮卡德父子那里购买了"的里雅斯特号"，且一并购买了雅克·皮卡德的服务。交易的一部分是海军将建造一艘新的"的里雅斯特号"，用更厚的钢壁，更小、更坚固的舷窗和其他创新，使其能够下到更深的海域，探索深海海

在墨西哥湾德索托峡谷的龙头地区，一只深海海葵用它黏性的触手将一条银斧鱼困住并拉近，最后将其吞噬。

沟，并造访世界海洋的最底部。

皮卡德一直胸怀他和父亲的梦想，要前往绝对的海底，此时他终于有了大好机会，而冷战时期美国海军的雄厚财力将支付一切费用。他的父亲奥古斯特曾花了多年时间设计原始的潜水艇并陪同儿子潜水，此时他已快 80 岁了，但仍在世界另一端的瑞士关注着儿子的壮举。

1959 年，在圣地亚哥附近进行了几次试运行后，潜水艇和人员被跨太平洋运往关岛，那是离挑战者深渊最近的美国基地，而挑战者深渊位于海洋中最深的马里亚纳海沟中。

在 1960 年 1 月 23 日阴霾的清晨，皮卡德登上了美国海军的"万丹克号"，在关岛西南约 400 千米、菲律宾以东 1 600 千米的开阔太平洋上乘风破浪。附近的一艘测量船投下了数百包三硝基甲苯（TNT）炸药，试图确定挑战者深渊的最深点，皮卡德则站在一边看着、听着，想知道要坐上"的里雅斯特号"会不会遇上什么困难。

不过，几分钟后，皮卡德就和海军中尉唐·沃尔什（Don Walsh）手脚并用地爬进了船舱，在他们身后密封了舱门。下水的兴奋感并没持续多久，因为他们的深海潜水艇很快从蓝色水域沉入了黑暗之中，此后就是黑暗和更深的黑暗。"的里雅斯特号"以只有 2.4 千米 / 小时的平均速度在人类交通工具所经历过的最强大压力之下行进，这种压力就像一把不断收紧的钳子，使它花了近五个小时才到达海底。

在 9 875 米处，皮卡德和沃尔什听到一声强烈的闷响，并认为他们可能撞到了海底，或者更糟，撞到了海沟的陡壁上。"的里雅斯特号"猛地震动了一下，皮卡德一时不禁怀疑是否即将发生可怕的内爆（也许沃尔什也这么想）。但什么也没有发生，他们又继续下沉。最后，重达 13.6 万千克的"的里雅斯特号"终于触到了底部，就像两名宇航员在另一个世界着陆一样。皮卡德和沃尔什透过舷窗向外望去。在玻璃的另一边，他们的聚光灯照亮了这个幽冥世界。真是另一个世界。"底部显得明亮而清晰，"皮卡德写道，"一片荒芜的鼻烟色渗出物。"

这就是在 10 916 米的海面下的样子，"的里雅斯特号"的每平方厘米上承受了约 1 125 千克的重量。还没有人类涉足于此，但皮卡德和沃尔什从舷窗中实际瞥见的情况却有点令人扫兴。没有海王星尼普顿来迎接他们。而且，与将在同一年代末发生的载人登月的宇航员不同，他们无法走出舱门，踏上这个新世界的地面，插上一面旗帜，说一些令人难忘的话。在冥府般的超深渊带深处没有恐怖的怪物，事实上，生命的迹象尽管值得注意，但实在微乎其微。

皮卡德认为他看到了一条扁口鱼，大约 30 厘米长，躺在底部。最令人惊讶的是，它竟然有眼睛。这条鱼在自己的近期进化史上一定从未经历过这样强烈的聚光灯照射，它慢慢地游进黑暗之中，再也看不到了。这种生物当然不会被人类看到，但可能也不会被任何其他生物看到，因为在这个绝对深度，眼睛是罕见的，也没有光，甚至没有生物发光。皮卡德还发现了一只大红虾，但是没能拍照。在一生所有错过的机会中，他们两人这次没有带相机的事肯定是排名靠前的。

皮卡德和沃尔什握手纪念了他们的惊人壮举，然后设法与水面联系，兴奋地报告他们的深度和估计到达时间。由于舱内温度只有 10 ℃，水中温度为 2.5 ℃，他们都感到很冷。到达底部 20 分钟后，他们开始上升。又过了三个半小时，急切渴望呼吸新鲜空气、渴望离开这一水下"电梯"的两人终于冲破翻腾的水面，挣扎着从他们狭窄的船舱里爬了出来。两架海军喷气式飞机在他们头顶倾斜机翼以示敬意，两名摄影师拍下了照片。潜到世界的底部再回来，在一天之内完成，花费了几十年来计划和梦想。将近 7 年前，即 1953 年，登山者攀上了珠穆朗玛峰的顶峰；1957 年，宇航员成功绕地球飞行。现在，人类终于到达了海底。

一些报道声称的潜水艇在下降时已经开始向内弯曲，这是不实的，但正如预期的那样，它确实在压力下收缩了几厘米，在较深的水域中不时掉落一阵小雪般的油漆斑。然而，更令人担忧的是，前室的塑料窗，也就是逃生通道，由于塑料和周围金属的收缩程度不同，已经在不同地方开裂。它没有塌陷，但这是一个问题，并导致

伍兹霍尔海洋研究所部署了一个名为"海神号"的遥控潜水器。这里显示了它与潜水员在开曼群岛的照片。迄今为止仅有4个潜水器探访过马里亚纳海沟，2009年，"海神号"成为第3个。

了皮卡德和沃尔什在下降时听到的那声低沉的闷响。在这次深潜之后，海军工程师判断"的里雅斯特号"已经不安全了，将无法再次承受110 316千帕的压强。到1963年，这艘破纪录的小船退役了。

如果当初"的里雅斯特号"塌陷了，就会产生可怕的内爆，将船体材料推撒到四面八方很远的地方。将不会有任何救援尝试，甚至也无法清理现场。没有任何其他水下交通工具，不管是载人还是无人的，能达到接近那个深度的地方。

自1960年以来，美国海军没有建造任何新的能够深入超深渊带峡谷底部的潜水器。冷战时期的核动力潜艇没有一艘能在深海沟中航行，尽管潜艇的绝对深度能力仍然是机密信息。日本的无人遥控潜水器"海沟号"具有潜入超深渊带深度的能力，1995年

3月，它冒险进入了挑战者深渊底部，深度为 10 911 米，与"的里雅斯特号"的纪录只差 5 米，这个数字在误差范围内。"海沟号"随后又两次前往挑战者深渊，收集了许多微生物和其他标本，但在 2003 年的一场台风中，它在海上失踪了。2009 年，伍兹霍尔海洋研究所的遥控潜水器"海神号"也接近了有记录以来的最深深度，但没有载人。

可以说，像皮卡德和沃尔什一样的挑战者深渊之旅，后来都是私人企业在激励、资助和尝试的。首次单人到达海底的尝试将开启深海探索的新纪元。太空旅行正在被一批私营公司接管，发展动力来自理查德·布兰森（Richard Branson）、埃隆·马斯克（Elon Musk）和杰夫·贝索斯（Jeff Bezos）等一些人的先见之明，而深海探索看起来也在沿着类似的路线发展。不过出现了一个转折——深海即将被一位出生在加拿大、与好莱坞关系紧密的电影人侵入。

詹姆斯·卡梅隆前往海底的道路非常曲折。卡梅隆在学生时代曾学过一些物理，成年之后，他喜欢尝试与水下摄影有关的特效技术。他还有更广泛的兴趣，在《终结者》《异形》和《深渊》等影片中探索了科幻剧本的想法。他还拍摄过关于深海的纪录片。卡梅隆赚了很多钱，有些年甚至是好莱坞最赚钱的人，钱多到足以让他慢慢地按照自己想要的方式拍摄几部最大预算的电影，甚至可以资助他去深海游览。作为一名导演和制片人，他有时是个暴君和完美主义者，一些同事称他为电影业的布莱船长 [①]。考虑到此行所需的合作程度，他的性格特征也许对成功前往马里亚纳海沟来说不太理想，不过在装备和测试潜水器时，完美主义和注重细节将有助于确保乘客的生存。

詹姆斯·卡梅隆因《泰坦尼克号》获得奥斯卡最佳导演和最佳影片奖，这部 1997 年的浪漫灾难史诗片成为第一部赚得 10 亿美元

---

① 指威廉·布莱（William Bligh，1754 年 9 月 9 日—1817 年 12 月 7 日），英国海军将领，因"慷慨号"哗变闻名。1789 年，叛变发生在由他所指挥的皇家海军舰艇"慷慨号"上，布莱和效忠他的船员被叛乱者赶到小艇上，漂浮了 6 701 千米到达帝汶岛。好莱坞曾三次以此故事拍摄电影《叛舰喋血记》。

的电影，领奖时他说了一句著名的豪言壮语："我是世界之王！"这是一个夸张的自吹自擂，是电影中莱昂纳多·迪卡普里奥扮演的杰克在挥洒浪漫的时刻所说的一句话。世界之王现在的目标是成为海洋之王。

作为现代的威廉·毕比，卡梅隆很早就决定，他的马里亚纳海沟之旅将被拍成一部电影纪录片，而国家地理学会成了他理想的合作伙伴。学会所拥有的电视平台、辉煌的探索历史、公关能力和强化的技术，都是卡梅隆进行如此复杂的探险活动所需要的。卡梅隆于 2005 年开始准备他的深海之行。当时，他正在制作其他项目，包括他期待已久的将实现其科幻愿景的《阿凡达》。

2009 年《阿凡达》在全球发行后，卡梅隆将全部精力转向完成测试"深海挑战者号"这一准备工作。"深海挑战者号"是他参与设计的单人潜水艇，将把他带到海底。这不是一艘有强大海军支持的政府出台的潜艇，而是如卡梅隆在 2013 年《国家地理》杂志的文章中所说，一艘"绿色的小鱼雷……由私人建造，在澳大利亚悉尼郊区一个夹在水管装置批发商和胶合板商店之间的商业空间里制成"。除了这艘潜艇，卡梅隆还帮助设计了装有钛合金外壳的微型高清 3D 摄像头，用以拍摄他所看到的海底生物特写。他还带了两台冰箱大小的无人驾驶车辆，准备与潜水艇一起下潜，并对沉积物、海水和接近底部的物种进行采样。

"深海挑战者号"潜艇的名字来自"挑战者号"，它是第一个探索马里亚纳海沟最深处挑战者深渊的，这也是卡梅隆的目标。卡梅隆确实在挑战深海。重达 10 900 千克，长 7.3 米，淡绿色的潜水艇尚未在海洋条件下进行过测试。卡梅隆已经进行过 80 多次深海潜艇潜水，其中 33 次是去看沉船"泰坦尼克号"，但这艘新潜艇将去往远远超过他此前任何一次尝试的深度。他需要知道如何驾驶它，以及如果出现险情该怎么做。

一旦潜艇到达底部，将有 12 个小型推进器使其移动，垂直和水平控制各用 6 个。但是，比推进器和潜水艇上所有其他高科技系统更重要的是压舱物。该潜艇配备了 270～450 千克的钢球。这些重物将使潜艇以适当的速度下潜到底部。之后释放它们将使潜水艇返回水面。人们对能保证钢球释放的备援系统相当关注，而卡梅隆和他的团队"设计了大约 8 种不同的方法"来确保它们能掉下去。

进入驾驶舱并不容易。它的直径只有 110 厘米，而卡梅隆本人身高 188 厘米。他通过 180 千克的舱门把自己放了下去，门大约有一个井盖大。进入之后，他只能弓身驼背、屈膝坐在里面，头也要顺着船舱的弧度往下低，光脚踩在温暖的钢壁上。

母船"美人鱼蓝宝石号"在海浪中摇晃着，但保持在北纬 11 度 22 分，东经 142 度 35 分的位置，即海中最深坑的正上方。探险节目要开演了。

2012 年 3 月 26 日午夜过后的几个小时里，卡梅隆的脑海中闪过许多事情，他和他的团队开始进行四个小时的检查，为最后的下潜做准备。探险队的两名主要成员在几周前的一次直升机失事中不幸丧生。在使用 3D 摄像机在巴布亚新几内亚的试潜期间，整个电力系统出现故障，二氧化碳洗涤器从舱壁上掉到了卡梅隆的膝盖上，而且还有软件的小毛病。大量的恶劣天气和一次次错过的最后期限可能会导致这次探险无限期地推迟。但在越来越深的海沟中进行的试潜提供了宝贵的科学数据，潜水艇的捕捉器还捞起了一些大型的有着白壳的片脚类动物，它们将诱饵———一整只生鸡——吃得只剩骨头。寄希望于转运，他们才坚持了下来。

刚过凌晨 5 点，卡梅隆发出信号，船上的团队让潜艇像石块一样落进海里。卡梅隆外表看起来很平静，在 2013 年《国家地理》杂志的文章中，他谈到当时的感受："我被潜艇包裹着，是它的一部分，它也是我的一部分，是我的理念和梦想的延伸。"卡梅隆瞥了一眼仪表盘，他在以每分钟 150 米的速度下沉。承载是不是太重了？潜艇被设计成能快速下潜和返回，以便有更多的时间待在底部，但这个速度是不是太快了？

随着潜艇下降到无边的黑暗之中，外部温度从水面的 29 ℃下降到接近冰点的 1.7 ℃。卡梅隆的光脚踩在钢上很冷，他费力地穿上了氯丁橡胶靴。接着，他又快速戴上一顶毛线帽，就像雅克·库

樽海鞘是一种桶形的浮游被囊动物，属于海洋无脊椎动物，可以单独生活，也可以在浮游植物丰富时聚集在一起。它通过凝胶状身体的收缩以及吸入和喷出海水来移动和进食。这里，12 只一群的樽海鞘在凤凰群岛附近的热带太平洋上漂流。注意，每只樽海鞘都携带着后代（用两个圆形的管子连接）。

斯托（Jacques Cousteau）[1] 的风格，给紧挨钢壁的头部保暖。

　　有些人可能认为这个驾驶舱比一个冰冷的棺材好不了多少，但卡梅隆并不介意被挤在里面的轻微不适，他用"舒适安全"来形容自己的感受。他经历过足够多的潜艇旅行，所以对这个空间感觉很熟悉。驾驶舱的四个视频屏幕占据了他的视野，三个显示来自外部摄像机的景象，一个是触屏仪表板。它大体像一个袖珍混音室或移

---

[1]　雅克·库斯托（1910 年 6 月 11 日—1997 年 6 月 25 日），法国海军军官、探险家、生态学家、电影制片人、摄影家、作家、海洋及海洋生物研究者，法兰西学院院士。1943 年，库斯托与埃米尔·加尼昂共同发明了水肺。1956 年，库斯托与路易·马勒合作制作了纪录片《静谧的世界》（*The Silent World*），在戛纳电影节上映，并获得金棕榈奖。

动录像编辑室。对卡梅隆来说，这是另一种家。

除了氧气螺线管发出断断续续的嘶嘶声，一切都很安静。卡梅隆努力朝黑暗中看去，但他能看到的只是浮游生物飞速掠过，它们被潜水艇强大的 LED 探照灯照亮，这些灯是此次探险的 3D 电影设备的一部分。卡梅隆在脑子里过了一遍该检查的地方，想到潜水艇外正在形成的巨大压力，以及如果潜水艇万一漏水会发生什么。"如果'深海挑战者号'的船壳撑不住，我将不会有一点感觉，"他写道，"一切将直接跳到黑幕。"

下降 90 分钟后，在 8 230 米，卡梅隆开始释放一些压舱物。从开始的 3.5 节，他把潜艇的下降速度放慢到 2.8 节，然后是 2.5 节。当他接近底部到达 10 850 米时，他使用推进器将速度限制到半节。

高度计显示底部在 45 米以下。他打开了所有的灯，开始拍摄。

在 18 米远的地方，卡梅隆观察到一道从底部反射出的"幽灵般的光"。他启动了垂直推进器，小心翼翼地控制着刹车。一股微弱的下洗气流似乎就从潜艇下方冒出。

卡梅隆将聚光灯对准了整个海底。它像是在黑暗中烧出了一个洞，水出奇地清澈。环顾四周，他什么也看不到，发现海底"各处完全一模一样，没有任何特色，唯一的特色就是没有特色"，与他在之前所有潜水中看到的海底都不同。

几秒钟内，他就在 10 898 米的地方着陆了。潜水艇陷进淤泥中约 10 厘米，沉积物像从一个烟雾机中升了起来。他在沃尔什和皮卡德着陆点以东 37 千米着陆。此时是上午 7 点 46 分，距离他出发仅过了两个半小时。

"美人鱼蓝宝石号"在近 11 千米的上方和卡梅隆取得了联系。他报告自己已经触底，一切良好。接下来是一个共同的放松和庆祝时刻，所有为实现这次探险付出努力的人们都受到温暖的鼓舞。然后，卡梅隆立刻忙碌起来，因为他在海底只有五个小时的时间来探索、采集样本，并充分利用这个非凡的机会。首先，他从科学舱的门上调动外部机械臂，用来采集一份沉积物岩芯样本。但是，在把样品取回后仅几分钟，液压系统就开始漏油，机械臂和科学舱的门也出现了故障。由于无法采集更多的样本，卡梅隆开始在超深渊带的底部一点点移动潜艇。他后来说，这就像在刚下过的雪上行驶，偶尔有片脚类动物像雪花一样随意漂过。

卡梅隆转身望向窗外，沉思着"这个陌生地方的静谧"。潜水艇开动着，而令他感到震惊的是，除了雪白的片脚类动物，几乎看不到任何生命的迹象。他觉得自己仿佛到了一个超越生命本身极限的地方。他拍摄了底部的"一小团胶状物"和一道深色的痕迹，这可能是生活在泥中的蠕虫的家。胶状物后来被认定是一个巨型单细胞变形虫，即所谓的"深海巨型有孔虫"。他观察到一种看来像鱿鱼新的蠕虫物种，这种蠕虫具有鱿鱼的外观，并有改良的取食附肢。到处都是海参，包括一种他从未见过的物种。不过没有一个物种能被确定为新物种，除非它能被采集和检验。尽管如此，卡梅隆还是寄希望于他所采集的那份沉积物样本，希望它能揭示更多的东西。

随着潜艇慢慢向北行驶，卡梅隆沿着一个斜坡的山脊轻缓地向上移动，寻找有生命迹象的岩石露头。什么也没有。他现在离他的着陆点超过一千米，而探险活动刚刚开始不到三个小时。他开始担心他的电池电量不足，罗盘也在不停地闪动。然后，声纳失灵。当两个右舷推进器也失效时，卡梅隆发现很难控制潜艇了。极端高压的破坏力正在显现。他继续前进，但当潜艇突然向右一偏时，他发现最后一个右舷推进器也坏了。这下他只能原地打转，卡梅隆决定是时候放弃了。他呼叫了"美人鱼蓝宝石号"。距离他计划在海底停留的时间还差两个多小时，但现在是时候回家了。

卡梅隆启动开关释放了压舱的沉锤，潜艇突然冲向上方，他松了一口气，因为这个机制总算没有出问题。海底瞬间远离，潜艇速度迅速上升到 6 节，这是它最快的行驶速度。不到 90 分钟，卡梅隆就到达了水面，他打开舱门，对他的团队微笑。

卡梅隆现在正式成为了"水下世界之王"。在他回到"美人鱼蓝宝石号"上后不久，一个感人的时刻到来了。曾在 1960 年下潜到挑战者深渊的退役美国海军上尉唐·沃尔什在甲板上向他表示祝贺，并"欢迎他入伙"。在皮卡德去世后，沃尔什是唯一健在的到访过海底最深处的人。现在又多了一个。

在 2019 年，美国权益投资者和探险家维克多·韦斯科沃在攀登了世界各大洲最高的山峰后，想尝试一下去马里亚纳海沟。他原计划购买卡梅隆的潜水艇加以更新，但他很快意识到，虽然还没过 10 年，但技术已经有了极大的进步。他不是想快速到海底看一眼，而是想用同一艘潜水艇去探访全部五个大洋的底部。韦斯科沃聘请佛罗里达州的特里同潜艇公司制造一艘钛合金潜艇，不需要有多花哨，但要能够可靠地多次前往海洋深处。2019 年 4 月 28 日，韦斯科沃登上了他的 4.5 米长的双座潜艇，名为"极限因素号"，直接潜入海底，成为第四个到达挑战者深渊的人。为展示这艘潜艇的威力，几天后他重复了这一壮举。2020 年 6 月，韦斯科沃又把 6 名乘客带到了挑战者深渊的底部，其中包括唐·沃尔什的儿子凯利·沃尔什（Kelly Walsh）。2021 年 3 月，韦斯科沃陪同来自密克罗尼西亚联邦（FSM）的海洋植物学家妮科尔·亚麦斯（Nicole Yamase）前往她自己国家的海底。韦斯科沃声称他第一次下潜到挑战者深渊底部的深度比卡梅隆还要深，但卡梅隆说这是不可能知道的，而大多数人都认为误差幅度比他们刻意声称的深度差异要大。

然而，即使有了这些对超深渊带的探索，人们仍然认为深海沟和深渊平原中栖居着"缩减的"单调的动物群。不错，是有生命，但在不同的地方似乎都很相似。与丰富多彩的潮间带和海面相比，海底似乎是一个泥泞的沙漠。尽管人们努力寻找多样性来证明事实并非如此，但"挑战者号"探险（1872—1876）已将此"确定"为"事实"，而皮卡德和沃尔什的潜水，再加上卡梅隆，都没有改变这一总体印象。尽管卡梅隆拍了照片，但他没能带回除一个岩芯样本外的其他东西。但是韦斯科沃在底部待了更长的时间，发现了看起来像巨型阿米巴虫的单细胞有孔虫、微小像虾的食腐片脚类生物和小型半透明的海参。

早在 20 世纪 60 年代中期，伍兹霍尔海洋研究所的生物学家罗伯特·海斯勒（Robert Hessler）和霍华德·桑德斯（Howard Sanders）在科德角和百慕大之间的深海区域进行了广泛的捕捞。

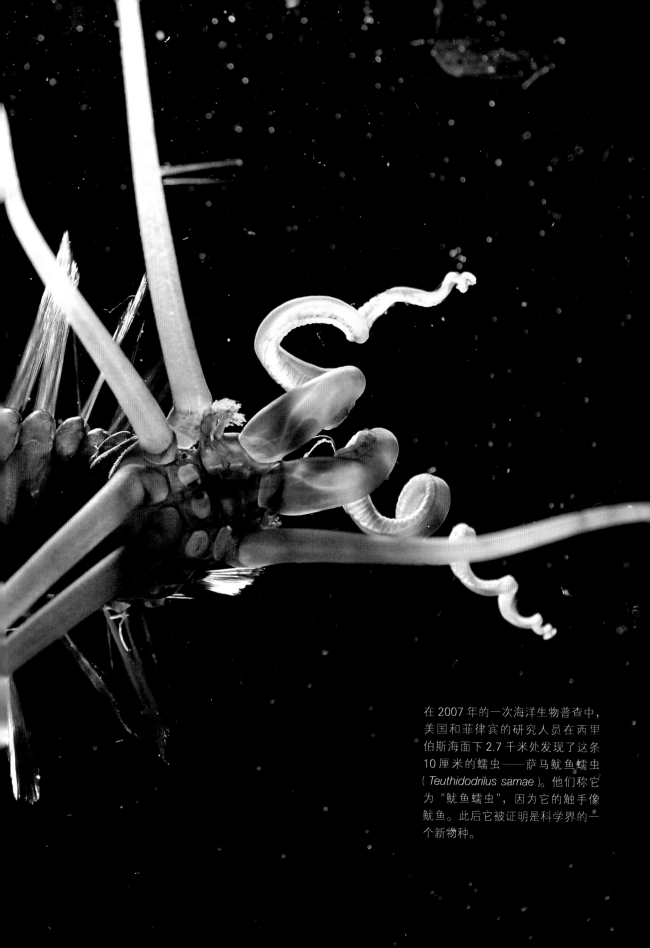

在 2007 年的一次海洋生物普查中，美国和菲律宾的研究人员在西里伯斯海面下 2.7 千米处发现了这条 10 厘米的蠕虫——萨马鱿鱼蠕虫（*Teuthidodrilus samae*）。他们称它为"鱿鱼蠕虫"，因为它的触手像鱿鱼。此后它被证明是科学界的一个新物种。

那里远没有马里亚纳海沟的挑战者深渊那么深，不过也还是很深，他们的发现让所有人都感到惊讶。

他们的"底栖生物采样网"能够捕获刚好在海底之上、之下，以及就在海底本身的动物。而且，网眼比之前要细得多。海斯勒和桑德斯在以前人们认为只有一两个物种存在的地方发现了数以百计的物种，而实际上那里的物种是数以万计，不仅仅是几百个。虽然生物随着采样网下沉的深度逐渐减少，但其数量和多样性都依然远超想象。

海斯勒和桑德斯最深只到了深渊平原的位置。一些研究人员认为，超深渊带海沟中的个体数量、物种数量以及微生物数量可能比深渊平原的许多地方要多，这将反转越往深处多样性越少的一般趋势。产生这种想法的原因是，由于海沟主要位于靠近陆地处和物产丰富的表层水域之下，从这些地方下沉的营养物质，包括来自水面的动物尸体，比深渊平原之上更远的海域所含有的要多。营养物质落下后，会被"扣留"在海沟里。

生命形式确实因海沟而异。深海生物学家已经在不同的海沟中发现了不同种类的海参和其他食泥动物。这是有道理的，因为海沟是深洞或山谷，像岛屿一样被相当大面积的深渊丘陵和平原相互隔开。结果导致生殖隔离，这是创造新物种的进化过程之一。

科学家对深渊平原和超深渊带的深处探索越多，就发现越多棘皮动物的新物种，包括海星、海葵和海参。可以说，棘皮动物分类学家比其他种群的分类学家更多。超深渊带和深渊底部栖息的大型动物群主要由棘皮动物组成。对我们的"苹果怪物摄影机"来说，这里看似是一片灰色的沙漠。奇怪的海鳃直立起来有近 30 厘米高，像一根插在地上的羽毛。稍大一点的是 30 厘米或更长的项链海星，有弯曲起来的腕，像一个被晒褪色的无头骨架，或至少是它的肋骨架。也有刺胞动物，如 *Chitoanthis abyssorum*[①]，和软体动物。一条适应得很好的鱼用它的鳍立在海底，这是深海狗母鱼属的一种

---

① 一种水母。——译者注

（*Bathypterois sp.*），俗称"三角架鱼"，它具有负浮力，因为没有鱼鳔或其他产生浮力的方式。不过在底部，海参比其他物种都多，并且不是一个物种，而是很多。

在许多方面，海底是"海参的王国"，或者对于不那么浪漫的人来说，是食泥动物的王国。这些海参（sea cucumber）在海底怡然自得，并且分化出至少 900 个物种，许多确实是黄瓜状的①，以每小时几米的速度在海底漫步。它们身上有许多像脚的凸起，帮助它们有节奏地摇摆着向前移动。

海参没有头，它能沿着海底缓慢移动，或将自己投入水柱中。海参经常大群地行动，在深渊平原和超深渊带海沟的底部"飞奔"。有些海参在不动时看起来更像迷你飞碟，而当它们移动时，则像其他底栖扁口鱼类一样在海底起伏，身体变得酷似底部地形的一部分。海参通常是灰色、褐色、黑色或橄榄绿色，可以长到 2 米或更长。最长的发现于较浅的水域，在那里它们像无头的蛇一样在海底或刚刚高过海底的水上移动。超深渊带的海参体型较小，有的不超过 2.5 厘米，而且更贴近底部爬行，真的是在泥里谋生。仔细观察的话，有可能分辨出它的前端，不过是在罕见的它没有被埋在泥里的时候。找不到眼睛，只有羽状触手围绕着嘴巴，而在有些物种中，触手从泥中汲取多汁的营养物质后，会不时地插入嘴里。

海参有许多奇怪的特性。首先，它通过肛门呼吸。此外，和它的表亲海星一样，海参在需要时可以再生某些身体部位，比如消化道。它能够通过身体后端排出内脏和其他内部器官，然后在几周的时间内长出一副新器官。这种行为可以在海参逃跑时转移潜在捕食者的注意力或将其吓跑。作为一种行动艰难又没有牙齿的生物，在必须采取紧急避险行动时，极端措施有时不可不用。

海参在海底的普遍存在以及它们的各种形状和大小使一些生物学家认为，当"的里雅斯特号"在挑战者深渊底部着陆时，雅克·皮卡德可能看到了海参，而不是比目鱼。也许底部沉积物被潜

---

① 海参的英文直译为"海黄瓜"。——译者注

水艇的着陆扰乱了，导致皮卡德没有看清楚。这些生物学家喜欢指出，皮卡德不是生物学家，詹姆斯·卡梅隆也不是，尽管卡梅隆至少有摄影机记录他所遇到的情况。对于皮卡德，我们可以说他比任何生物学家或任何其他当时活着的人都有更多的深海经验，可确实，在他之后任何其他挑战者深渊之行中都没有在那一深度发现过鱼，无论是遥控还是载人的潜水器。然而，在2017年，科学家发现了马里亚纳狮子鱼（*Pseudoliparis swirei*），它在大约7 986米的深度以丰富的无脊椎动物为食，生命力十分旺盛。

海参是一种奇妙而迷人的生物，值得人们好奇和了解，但它实在算不上怪物。或者，算吗？

"苹果怪物摄影机"在海底原地转了360度，而从每个角度看，海参都在慢慢地不断接近它，想研究这个外来的奇怪东西。陌生的嘴巴在它周围开合，越来越近，出现在小摄影机的上方。一只海参吓到了另一只，它的内脏迅速地射了出来。接着，在骚动之中，最大的一只海参轻轻碰了碰我们的设备，它嘴周围的羽状触手挠到了镜头。我们离得太近了，然后一切变为黑屏。在这里的海底，没有什么能长久不被注意。我们就像在上一堂生物课，课上展示了如何调查研究、回收利用，以及差点被完全吞掉。

当然，"苹果怪物摄影机"这个"物种"没有什么营养价值，海参很快就回去过滤淤泥了。但海底生物会迅速过滤掉任何从上面到达底部的东西，特别是不同的东西，以获取它可能包含的营养价值。如果我们在摄影机里放上诱饵，就可以期待微小的食腐片脚类动物集体降临，还有各种鱼类，如鳕鱼，也都会被水中的食物气味吸引而来。有着闪烁的开关灯和巨大的镜头眼睛，身体部分银白色、部分黑色，可以说"苹果怪物摄影机"与深海生物的形态有一些相似。更加奇怪的深海生物存在于食泥动物的家园中，在这里海参总是自在地四处游荡。

事实上，海参可能是深海之王，是这片领地上曾经和未来的居民，在超深渊带海沟中、斜坡上以及深渊平原上蓬勃生长。

关于卡梅隆2012年的探险有一个后续。他采集的沉积物确

深海的强壮幽灵参（*Deima validum*）的底部身体结构显得僵硬，粗糙的皮肤上密布着骨片。这只海参生活在大西洋中脊、深度为2 500米的地方。

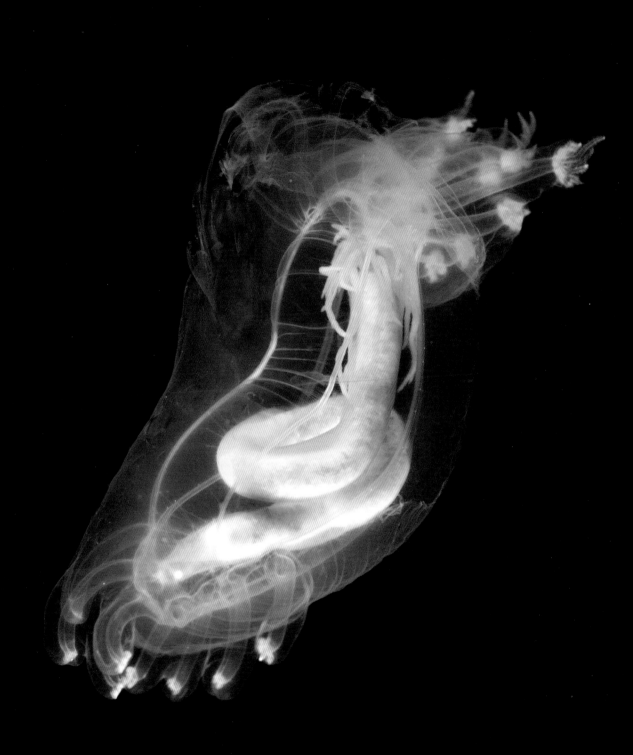

实充满了微生物，包括细菌、古菌及其他。2013 年，罗尼·格鲁德（Ronnie Glud）和他的同事们在《自然地球科学》（*Nature Geoscience*）上发表了一篇论文，将挑战者深渊的微生物与其附近 6 000 米地方的微生物进行了比较。他们发现马里亚纳海沟沉积物中的微生物活动是较浅地点的两倍，而且有机物的沉积率也更高，氧气消耗的速度是较浅地点的两倍。维克多·韦斯科沃的团队还在他取回的泥浆中确认了 200 多种不同的微生物。也许微生物才是深海真正的王者？

◆

这种深海海参 *Peniagone diaphana*① 的透明身体清晰展示了海参的简单结构：一端是嘴，另一端是肛门。图中的这一只生活在大约 2 500 米的深度，能活跃地游泳。它可能大部分时间都头朝下地漂在海底之上，随时准备摄食掉落下来的残渣碎屑。

① 尚无中文译名。——译者注

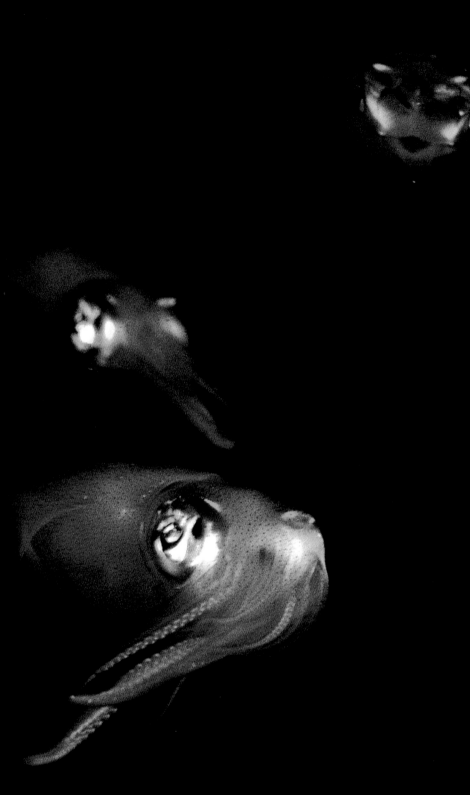

第 二 部 分

一大群幽灵般的莱氏拟乌贼（*Sepioteuthis lessoniana*）正冲破印度尼西亚苏拉威西岛附近的热带水域。通过控制覆盖在它身体上的色素细胞，这一物种几乎可以立即改变其皮肤的图案和颜色。被称为虹细胞的皮肤细胞主要聚集在其头部，当它们发光时，会产生斑斓闪眼的金属绿色和红色。而其他细胞，如白色素细胞，则反射周围的光线，用于被动伪装。在白光下，这种鱿鱼会变成全白；在绿光下，它会变成全绿，以此类推。虽然它的伪装对大多数捕食者来说很有效，但它在整个东南亚被人类大量捕捞和食用。

一个鱼吃鱼的世界

兰尼·哈林（Renny Harlin）执导的《深海狂鲨》（*Deep the Sea*）于1999—2000年在国际上上映。与这部厚颜无耻的拙劣海怪电影相比，原版《大白鲨》都显得温和平淡，并且在科学上也合理。在这部标准的凶残鲨鱼影片中，故事发生在一个海洋研究站。在这里，科学家对速度快、牙齿格外多的鲭鲨（《大白鲨》海报中的鲨鱼）进行了基因改造，将其大脑扩容，以期产生能治疗阿尔茨海默病的化学物质。当巨大的超级鲨鱼不可避免地开始横冲直撞时，我们意识到，瞧啊，我们正在观看一个有关基因改造的恐怖故事——《大白鲨》室内版遇到有大型脑容量的克隆羊多莉，属于《鲨肯斯坦》（*Sharkenstein*）电影亚类。

转眼到了2021年，我们看到的是《深海狂鲨3》和更糟糕的：《毒鲨》（*Toxic Shark*）里的有毒鲨鱼能喷射酸液，《拖车公园杀人鲨》（*Trailer Park Shark*）能给人电击，以及《夺命六头鲨》（*6-Headed Shark*）——这个名字就是剧透。

在《大白鲨》和《夺命六头鲨》之间的约65部鲨鱼故事片中，情节都或多或少雷同，而鲨鱼则越来越凶恶。杀人鲨电影一直以来都深深吸引着公众，只不过鲨鱼越变越大，牙齿越来越锋利，基因改造愈加怪异，追杀愈加持久，人类受害者也一次比一次受到更多的惊吓、撕咬和残害。

在现实中，致命的鲨鱼袭击很罕见。虽然不管怎么说，被鲨鱼发现或追捕也是令人恐惧的经历，但这些电影夸大了所有的基本细

长达3米的沙虎鲨或锥齿鲨有尖尖的头、无眼睑的小眼睛和突出的牙齿，这些全是给人带来噩梦的身体特征。然而，它却是一种相对温和、行动缓慢的鲨鱼，尚未有造成人类死亡的记录。

> 在过去的 10 年中，鲨鱼在世界各地平均每年造成
> 80 起无端攻击和 6 人死亡。
> 但人在海中溺亡或被闪电击中的可能性比这大得多。

节，把一个简单事实变成了好莱坞血腥噩梦的内容。正当许多鲨鱼物种的数量急剧减少和严重濒危的时候，低俗而令人感到讽刺的是，部分由于歇斯底里的媒体炒作和此类电影煽动，到 2021 年，也就是史蒂文·斯皮尔伯格导演的《大白鲨》原版及其续集、各种电视派生剧和盗版出现 46 年后，每年至少都会有一部"主要电影"致力于激起和利用人类对鲨鱼的恐惧。

原版《大白鲨》和一些续集根据已故的彼得·本奇利（Peter Benchley）的作品改编，而他曾在多年后的采访和文章中为把鲨鱼塑造成任意横行的恶魔道歉。本奇利承认，没有证据表明鲨鱼——或任何其他海洋生物，如在他的其他作品《深深深》（*The Deap*）和《巨鱼》（*Beast*）等当中可以找到的——心怀恶意并专找人类。然而他也承认，"《大白鲨》供我的孩子们上完了大学"，所以让他回到当初，可能不会写得有任何不同。

《大白鲨》并不是第一部攻击鲨鱼的作品。事实上在电影出现之前，许多评论家对鲨鱼的恶毒程度就远远超过鲨鱼在任何情况下可能对人产生危害的程度。一个例子是威廉·杨（William Young）船长在 1933 年出版的《鲨鱼！鲨鱼！》（*Shark! Shark!*）一书。笔者和长期的鲨鱼捍卫者理查德·埃利斯（Richard Ellis）称杨是极端仇鲨者，而这本书是极端的反鲨鱼书，有一版甚至真的用了鲨鱼皮做封面。杨一生的大部分时间都在中伤和杀戮鲨鱼。然而，杨和其他诋毁者，如哈林和后来转变态度的本奇利，显然利用了人们对这种动物长期、可能是原始的恐惧。

当本奇利辩称对鲨鱼的恐惧和憎恨并非他的发明时，他是对的，但将这些生物描述为原始、盲目恶意和"完美进化的进食机器"完全于事无补。可以说，在《大白鲨》狂热之前的一些年，鲨

鱼已经在一定程度上退出了公众视野，而此后的强烈兴趣则大多是负面的，尽管不完全是。每年都有数百万人在鲨鱼栖息或经过的水域安全地游泳、潜水或冲浪。在过去的 10 年中，鲨鱼在世界各地平均每年造成 80 起无端攻击和 6 人死亡。这些人大多是某种类型的冲浪者，而可能由于冲浪者在冲浪区的活动时间太长，看起来也许像鲨鱼的猎物，所以容易受到伤害。然而，在过去的 100 年里，死亡率已经稳步下降，部分原因是海滩安全措施和医疗方面的进步，以及公众对避开潜在危险区域和情况的意识增强。即使在 2011 年，当鲨鱼造成的死亡人数达到 25 年来的最高值 13 人时，人在海中溺亡或被闪电击中的可能性比这大得多。但这依然阻止不了媒体对每一次鲨鱼袭击事件的报道狂潮。

目前每年的鲨鱼屠杀量估计为 2 600 万至 7 300 万条，平均每年为 3 800 万条。其他研究提出了每年平均约为 1 亿条的数字。鲨鱼身体的各部分被人们做成鱼翅汤（背鳍）、珠宝（牙齿）、医药和化妆品（肝脏和软骨）、商业产品（皮）及食物（肉），它们也死于意外（在为其他鱼类设置的网中）、娱乐性垂钓和有针对性的消灭计划。最佳估计是，美国东海岸附近的鲨鱼大约以它们能够繁殖速度的两倍被杀。而在世界的一些地方，杀死率是繁殖率的许多倍。2020 年，有消息称，在鲨鱼肝脏中发现的角鲨烯正被用在一些测

一条白鲨，即俗称的"大白鲨"，在南非福尔斯湾跃出水面追逐猎物。近年来，为了避免好莱坞电影和新闻报道中建立的负面文化联想，鲨鱼研究人员和保护主义者已经开始将这种大鱼简单称为"白鲨"。

试中的新型冠状病毒肺炎疫苗中，以创造更强大的免疫反应。如果全球对角鲨烯的需求增加，鲨鱼将面临比目前更多的麻烦。

许多国家现在正采取措施保护白鲨和其他鲨鱼，包括禁止"割鳍"（为喝鱼翅汤而杀害鲨鱼），规定渔获定额，设定捕鱼最小尺寸，限制某些物种的捕捞，并建立海洋保护区以帮助保护鲨鱼种群。2009年，位于中太平洋的帕劳成为第一个在其国家水域禁止所有鲨鱼捕捞的国家。从那时起，马尔代夫、巴哈马、洪都拉斯、库克群岛、法属波利尼西亚、托克劳和马绍尔群岛等都建立了自己的鲨鱼保护区，其中最大的一个在法属波利尼西亚，有490万平方千米。

然而，如果不强力执行这些值得称赞的措施，那么可能在不久的将来，大型掠食性鲨鱼就会仅剩电影制片人开发的模型了，例如展出在加利福尼亚和佛罗里达的环球影城主题公园里的那条名为布鲁斯的机械鲨鱼和它那些玻璃纤维、乳胶和橡胶做成的伙伴们，以及那些存放在好莱坞后院的各种鲨鱼机器人。从科学和保护的角度来看，鲨鱼物种的丧失可能会产生重要影响。对它们用于狩猎和导航的敏锐感官和超感官系统的研究可能使人们开发出有用的医学和商业应用模型。从生态学的角度来看，鲨鱼在海洋中扮演着顶级捕食者的角色，像所有捕食者一样，帮助小型捕食者和猎物保持健康，并维持生态系统的平衡。

然而，好莱坞现象的最大悲剧是，白鲨和其他大型掠食性鲨鱼了不起的特性遭到蒙蔽、扭曲、贬低，有时甚至是彻底的污名化。对许多人来说，鲨鱼已经成为恐惧、憎恨和嘲笑的对象，或者更糟，是一个卡通恶棍。

但是，让我们超越血腥的电影、小说和公众的误解，揭示捕食者与猎物关系的真正含义。自然界中最基本的等级制度有一种简单、平实的优雅，建立在达尔文通过自然选择机制进化的理论基础上。在海洋中，它典型表现为大鱼吃中等大小的鱼，而中等大小的鱼又吞吃更小的鱼。但是在被吃掉之前能够繁殖的鱼会把它们的基因传给下一代。捕食者往往会吃掉猎物物种中的弱者或多余的幼体，从而保持猎物种群的健康。当然，捕食者也需要健康、数量繁多的猎物。

高居榜首的白鲨是最顶级的海洋捕食者之一，与抹香鲸和虎鲸

并列。然而，等级并不总是仅仅根据大小来严格划分的。有一些大嘴的小鱼可以吞噬比自己大的鱼。当白鲨、虎鲸和大王鱿等大型动物最终死亡时，它们成为微生物而不是捕食者的食物。细菌、蠕虫和其他小动物以尸体为食，这可以称为小东西的胜利，是它们掌管着这个世界。这是包括人类在内的一切都无法逃避的命运。

无论如何，这些简单的等级结构，或生态学家所称的食物金字塔，不仅揭示了摄食关系，而且暗示了能量从一个摄食或营养层级向另一个层级的流动，以及营养物质通过各种生物、地理、化学循环的不断回收。能量流动和养分循环在海洋中的发生和在陆地上一样，但规模要大得多。如果没有这些循环，陆地上和海洋中的生命将会停滞不前。

让我们回到其中一些故事的源头，看看它们的走向。我们将探索六个主要捕食者群体的食物金字塔。除了显而易见的选择——食肉鲨鱼、鱿鱼、抹香鲸和虎鲸——我们还将看看上演在其他一些动物生活中捕食者与猎物间的好戏，这些包括被称为桡足类的小型甲壳动物、水母、以浮游生物为食的鲨鱼和深海龙鱼。但首先，我们将认识浮游植物，它们是海洋中生命的基础。

在墨西哥南下加利福尼亚州马格达莱纳湾的一个捕鲨营地，在加工用于制作鱼翅汤的鲨鱼鳍。这里显示的物种是蓝鲨和灰鲭鲨。每年有数百万的鲨鱼因其鱼翅而被杀。这一大规模的浪费性渔业很快就会结束，但唯一的问题是，有些鲨鱼物种是否会先于此灭绝。

◆

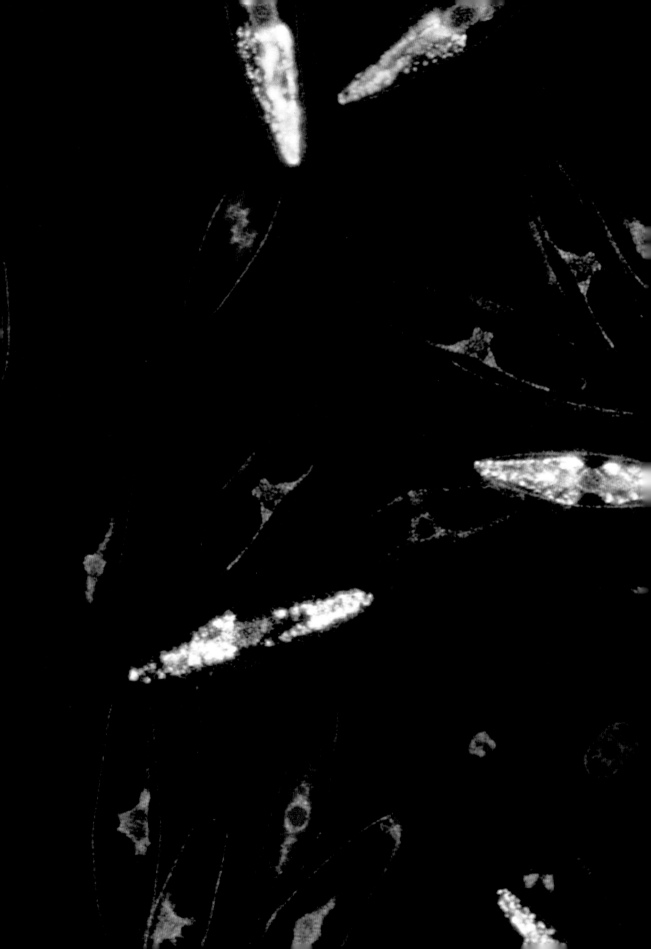

浮游生物登场

我们的基本故事开始于北温带水域第一个温暖的春日，在海面附近。假设我们是在北大西洋西北部的罗斯威盆地，距离加拿大新斯科舍省南部 65 千米的缅因湾北部。微风轻拂，波澜不兴，海面平坦，而关键是一个灿烂的晴天定下了故事的背景，因为就像在陆地上一样，太阳是启动每年冬季后生命复苏进程的强大引擎。到了近正午时候，随着表层水在阳光下开始升温，实际上一直在深水中冬眠的硅藻——主要的一纲类植物浮游生物，或称浮游植物——开始吸收由冬季风暴和上升流搅动起来的各种营养物质。

在几个小时内发生了第一次细胞分裂，1 个硅藻变成 2 个。到了下午 3 时左右，2 个硅藻变成 4 个。而到一天结束时，4 个硅藻变成了 8 个。每个硅藻都是一个绿褐色的细胞，包在一个由二氧化硅，也就是用来制造玻璃的材料，构成的像是透明装饰性的壳里。这个外壳不是活体植物的一部分，并且根据物种的不同，它的装饰性设计也大异其趣。它的相对透明使阳光能够射入包含光合作用细胞器的细胞。几乎看不见的外壳也可以帮助硅藻避免被看到和吃掉。单细胞硅藻经常以链状方式生活在一起。即使形成链，它们依然相当微小。需要成千上万的硅藻才能使水变成绿褐色，到那时，其他种类的浮游生物也在大量生长了。这种生长激增被称为浮游生物的"水华"。

硅藻在大西洋的这一地区蔓延仅仅几周后，沟鞭藻类开始活跃起来，同样地生长和蔓延。尽管它们有点像植物，但沟鞭藻类与硅

拍摄于夜间自然光下，数以千计属于沟鞭藻类的梨甲藻属（*Pyrocystis sp.*）的生物发光浮游植物受到了扰动，产生了闪烁的蓝光，在鱼类、海豹和鲸鱼的游泳轨迹以及拍岸的海浪中清晰可见。

> 沟鞭藻类可能比鲨鱼更危险，在偶尔因污染而停业的贝类捕捞之外继续相对不为人知地从事破坏，但好莱坞还没有把它们塑造成致命的杀人机器。

藻不同，可以在水中移动。在白天，它们利用两条鞭状的鞭毛让自己保持在阳光下，但晚上则会向下游 9 米或更深，以获取硅藻无法摄到的营养物质。沟鞭藻类是单独一纲浮游植物，和硅藻一样通过细胞分裂进行繁殖，但是它们没有硅藻那样的二氧化硅外壳，而是通常包有纤维素的盔甲。我们夜间在碎浪、船的尾流和鱼的踪迹中看到的生物发光就来自某些沟鞭藻类。

但是，沟鞭藻类也有阴暗的一面——它们相当于海洋世界中致命的龙葵。当某些沟鞭藻类大量繁殖，产生水华时，它们会变成赤潮，这可以使水体变成血红色。导致赤潮的沟鞭藻类物种会产生毒素，如石房蛤毒素，攻击鱼类的神经系统并致其大量死亡。细菌在分解死鱼时会消耗氧气，使水中的氧气耗尽，这也会导致大规模的鱼类死亡。

其他沟鞭藻类的毒素被蛤蜊和贻贝等软体动物吸收。虽然这些毒素不会伤害软体动物本身，但对于任何食用它们的鱼类、海洋哺乳动物或人类，它们可能引起身体的部分麻痹甚至死亡。沟鞭藻类可能比鲨鱼更危险，在偶尔因污染而停业的贝类捕捞之外继续相对不为人知地从事破坏，但好莱坞还没有把它们塑造成致命的杀人机器，所以它们在这方面还有待利用。当然，它们在食物金字塔中的作用更没有引起公众的注意。

此时，还有其他浮游植物变得活跃并蔓延。在一个特定区域内，数百个物种创造出一锅浮游生物的混合惊喜汤。浮游生物一词实际上是指海洋中自由漂浮的生物体，是针对于底栖的和自主游泳的生物体而言的，实际上，浮游生物几乎描述了水体中任何不能靠自己的力量四处移动的生物。对许多人来说，浮游生物是海洋中小

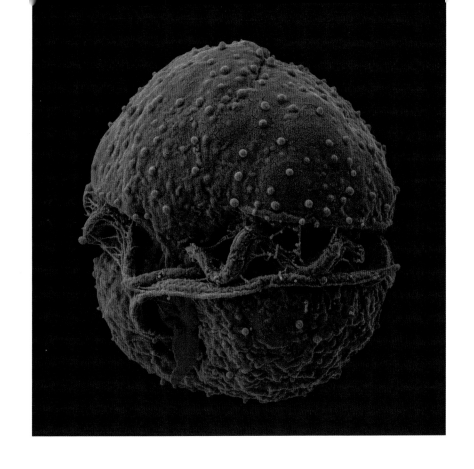

一张放大 2 135 倍的扫描电子显微镜照片显示了潜在的杀手浮游植物沟鞭藻：杀鱼费氏藻（*Pfiesteria piscidica*），这是造成赤潮事件的因素之一。赤潮是由某些沟鞭藻类的过度繁殖引起的。这些藻类产生的毒素进入食物链，会攻击鱼类、海豹、鲸鱼甚至人类的神经系统。

东西的同义词，而大量的浮游生物确实是微小的——事实上，许多浮游生物在没有被放大的情况下是人眼看不到的。

然而，浮游生物是个笼统，甚至相对的术语。某些浮游动物，甚至是类植物的生物体能略微四处移动，但它们比自主游泳的生物受水流和其他海上突发事件的影响要大得多。较大、较著名的硅藻和沟鞭藻类大到可以用细网捕捞，因此被称为网采浮游生物，除它们之外，还有其他小得多的浮游生物。目前观察方法的进步揭示了所谓的纳微型浮游植物和超微型浮游植物在生物量和光合活性方面的重要性，它们比网采浮游生物小 10 到 100 倍，比某些最大的浮游生物——水母浮游生物——小 1 000 到 10 000 倍。

到了 6 月，爆发水华较晚的浮游植物——被称为颗石藻的纳微型浮游植物——变得活跃起来。它们的微小细胞被钙质包片，或称"颗石"，所包裹。在某些年份，这些浮游植物繁殖迅速，使海面因其沉积的颗石而变得斑白。但通常情况下，颗石藻和其他浮游植物

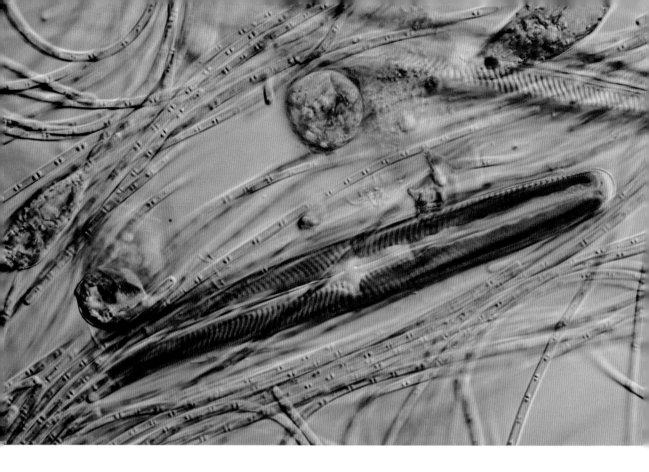

"蓝绿藻"是一个常见的非正式名称,指的是现在被称为蓝细菌的微生物。作为海洋中数量最多的生命形式之一,蓝细菌是属于原核生物的光合细菌。在下面以360倍放大拍摄的图片中,长丝属于蓝细菌中的颤藻属(*Oscillatoria sp.*),而圆形的绿黄色斑点属于绿藻中的裸藻属(*Euglena sp.*),棒状部分则属于硅藻中的羽纹藻属(*Pinnularia sp.*)。

最普遍的颜色是绿色。蓝绿藻(实际上是蓝细菌)和非常微小的原绿藻是所有海洋微生物中数量最多的。它们一起构成了海员们在初夏驶过丰产区时看到的绿色,这也是卫星图像中捕捉到的标志性颜色。北大西洋从春天到初夏的时序卫星照片显示了绿色向北极的大规模挺进,在盛夏时,绿色日复一日地推进,几乎前推到了冰盖一带,然后又退去。

这种绿色是浮游生物中的叶绿素,它是光合作用过程中使用的分子,利用阳光将二氧化碳和水转化为地球上生命所必需的两样东西——碳水化合物和氧气。陆地和海洋中的绿色是至关重要的颜色,是生命的根本。如果没有光合作用,那么经典的海洋和陆地怪物不会进化出来,生命本身也将无法发展。

浮游植物构成了海洋中数以千计不同食物金字塔的广泛基础,是所有复杂的能量流动过程中的主要生产者。能量从太阳流动到生产者,再到包括食草动物和食肉动物的消耗者,这一过程通常有2

到 6 个环节，能量经过热损失和各种生物体的代谢使用消散。据估计，生产者只获得了太阳可用能量的 1%，并将这点能量中的 5% 到 20% 传递给每个后续层级，从作为生产者的浮游植物到食草的浮游动物，然后是食肉的鱼类、鱿鱼和其他动物，最后是每个系统中的顶级食肉动物。生态学家估计，在食物金字塔或食物链的每个环节上都有 10% 的能量转移：10% 的 10% 的 10% 的 10% 的 1% 太阳能量等于 0.000 001，或者说，在到达白鲨、虎鲸、海豹和海狮的时候，太阳的能量大约只剩下十万分之一。难怪它们需要吃那么多。

海洋中的能量损失类似于普通郊区住宅的热损失，但营养物质的循环却是另一个故事。与能量不同，对生命和生长至关重要的可用营养物质的供应有限得多。各种生物、化学和物理过程不断地回收营养物质。生命所需的每种营养物质都有自己的循环，从氮和磷的循环到众所周知的碳和水的循环，这些循环在全球范围内发挥作用，对世界气候有着深远的影响。如果浮游植物减少，我们将会面临更危险的气候危机。

还有一个基本组成部分对营养结构，或食物金字塔有所贡献，那就是分解者，主要是细菌和其他微生物。它们分解死亡的生物体，释放出可以被生产者和消耗者再次利用的简单分子，这些分子中含有基本营养物质碳、氮和硫。分解者在食物金字塔的每一层都发挥着作用。

海洋中的许多食物金字塔在一个特定的生态系统中纵横交错或相互重叠。随着海洋学家揭示出越来越小的纳微型浮游植物和超微型浮游植物的重要作用，我们对金字塔基础的认识也在不断加深。经典的海洋食物金字塔模型始于硅藻和沟鞭藻类被桡足类动物吃掉。但在微小的纤毛虫、鞭毛虫与微观的浮游生物之间出现了新的关键的第一步联系。经典模型在海洋的许多地方仍然成立，然而在远离沿岸和上升流地带的外海的更大区域，我们才刚刚开始认识到这些更基本的生命构成要素的重要性。

◆

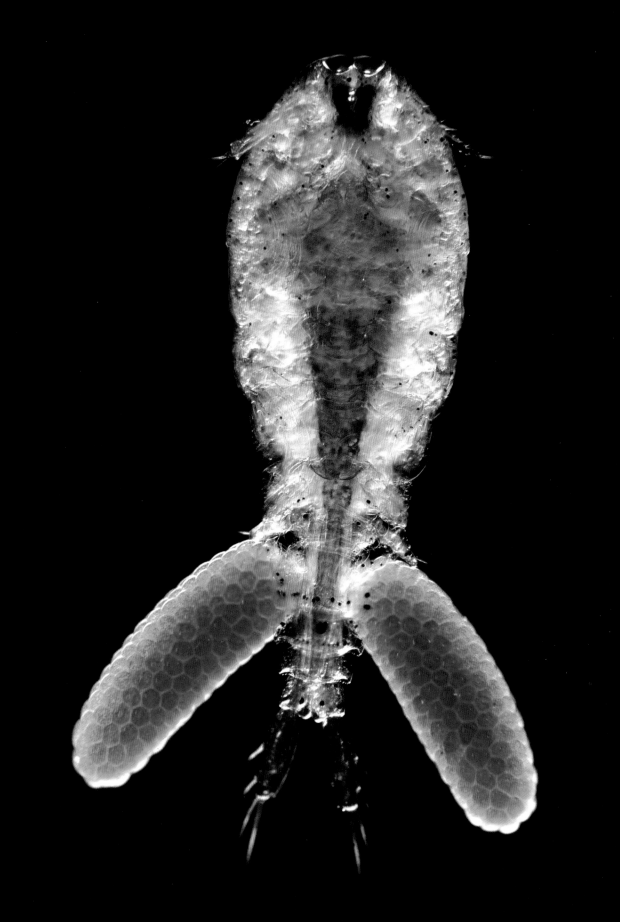

世界性的桡足类动物

游动物是海洋中最小的食植动物和猎手。就像浮游生物这个词一样，浮游动物也可以是一个非常笼统的总称，包括微小的甲壳类动物、蠕虫和软体动物，以及许多海底物种，如蛤蜊和虾的幼体阶段。因此，浮游动物指的是暂时生活在浮游生物阶段的动物，以及其他一生都是浮游生物并可能经历多次浮游变形的动物。浮游动物作为海洋中的中间营养群体，将太阳的能量从浮游植物带给鱼类、鱿鱼甚至鲸鱼。

跻身世界上数量最多动物的行列，同时也是海洋中数量最多的浮游动物，是各种桡足类。它们大多数是草食性的，像牛一样，但有些也是肉食性的"小老虎"，甚至吃其他桡足类。无论是哪种，在它们的日常觅食过程中，桡足类的生活都比牛更复杂。

整个北半球温带地区的主要桡足动物是飞马哲水蚤（*Calanus finmarchicus*）。一只成年桡足动物可以长到近 6 毫米长，重约 0.002 克。因此，需要 500 只桡足类动物堆在秤上才能测出 1 克。

这种北半球的桡足动物只吃植物。据大西洋学院生物学家史蒂夫·卡托纳（Steve Katona）说，一只桡足类动物可以在一天内吞食半杯水中所有的单细胞浮游植物。桡足类的进食方式是像扇子一样来回扇动它的附肢以形成水流。当它看中的绿色浮游植物细胞移动到可及的范围内时，被称为"第二小颚"的附肢就会像手臂一样张开，抓住细胞并把它放进张大的嘴里。这可比俯身吃草要费劲得多。

桡足类动物可能看起来对人类并无危险，但是试试把一只放大几百倍。在海面下一个寒冷、黑暗的夜晚，给你的眼睛配上几个珠

这只 0.9 毫米的雌性桡足类 *Sapphirina sali*[①] 携带着它宝贵的货物——两个附着在它腹部两侧的蓝色卵囊。

---

① 叶水藻属的一种。

宝商的放大镜，一只以其特有的忽停忽动的游泳方式朝你游来的桡足类动物很可能让人感觉挺可怕的。它甚至可以为好莱坞提供一些素材来替代他们那些陈旧的鲨鱼袭击故事。而对于某些浮游植物来说，桡足类是绝对致命的。

北半球桡足类动物的生命短暂、复杂，但充满活力。当一只典型的雄性桡足动物遇到比它体型大得多的配偶时，它可不会花费时间搞浪漫。它用它的第一触角和最后一对胸足紧紧抓住雌性，用胸足和一种特殊的黏合剂将它的精荚转移到雌性的生殖孔并固定。桡足动物从卵发育到成体要经过12次蜕皮，或称阶段，大约需要两个半月完成。如果水中有足够的浮游植物，那么第一批在春季成年的桡足类动物就可以在夏末时有曾孙辈后代了。

一些桡足类已经上升到了下一个营养级，成为以其他浮游动物甚至其他桡足类为食的肉食者。进化的结果是一些桡足类物种，包括潜在的捕食者和猎物，都选择了伪装。与浮游植物一样，许多桡足类和其他浮游动物物种的相对透明策略有助于它们避免被吃掉。

还有一些桡足类动物寄生在鱼类身上。至少有1 000种桡足类动物终其一生都附着在各种鱼类的鳍、鳃丝或其他身体部位上。我们稍后会遇到的格陵兰鲨（*Somniosus microcephalus*），它的眼睛里就寄生着一种桡足类动物，挂在角膜上。

然而，并非时时处处都是尖牙利爪的弱肉强食。过去，在"食肉动物吃食植动物吃植物"的模式中，人们认为浮游植物会全被桡足类动物吃掉，而桡足类动物又被其他浮游动物和鱼类吃掉。事实上，尽管桡足类动物密度惊人，但似乎大多数时候，浮游植物都能安度它们季节性的一生，并将其营养物质返还到再利用的循环之中，这期间根本遇不到一只桡足类动物。同时，浮游植物还封存了大量的碳，含量相当于所有陆地植物的总和，从而为对抗全球变暖做出了贡献。

◆

在英格兰德文郡海岸附近，荧光粉色桡足动物 *Caligus elongatus*[①] 寄生在这条雄性圆鳍鱼（*Cyclopterus lumpus*）身上。

---

① 鱼虱属的一种。——译者注

水母：伺机而动

水母可以是底栖的，也可以是自主游泳的，有时它的某一个物种会交替采取这两种生活方式。不过，自主游泳的水母往往行动能力很弱，绝不会在游泳赛事上挑战其他生物。事实上，大多数水母都是不折不扣的浮游生物俱乐部会员，这就反驳了所有浮游生物都很小的错误观念。水母的近亲，即有时浮游，有时自主游动的管水母中有一个物种可以长到48.7米长，能在一个奥运会尺寸的游泳池里伸展开来。

水母和管水母都属于刺胞动物门，它由大约1万个多样的物种组成，包括海葵、海鳃、海扇、珊瑚、水螅和水螅虫。许多人认为，这门的物种属于海洋中最美丽的动物。看看它们优雅的径向对称性、花朵般的姿态和靓丽的色彩吧。通常情况下，它们不会寻找和攻击海中的其他生物。相反，它们依靠水流和不幸猎物那一方的"错误"，或者说是缺乏应有的谨慎，来获取食物。它们在某些情况下可以说是带有一种可怕之美的捕食者，因为好几个水母物种都有剧毒，它们的凶名远播，结果使许多人对所有水母都产生了非理性的恐惧。

狮鬃水母（*Cyanea capillata*）是最大和最危险的水母之一。它以小鱼为食，但可以制服30厘米长的鱼。它的水母体直径可达2.3米，触手向下延伸30米或更长。狮鬃水母可以重达900千克。1870年在马萨诸塞湾被冲上岸的一个样本仍然保持着最大尺寸的纪录，但没有关于它是如何测量的信息。据说，这只"怪物"37米的触手，体长超过了有记录和推断的大王鱿和蓝鲸的长度，而后者总是被誉为地球上有史以来生活过的最大、最长的无脊椎动物

巴布亚硝水母（*Mastigias papua*）是一种生活在南太平洋的沿海水母，又称斑点水母，以微小的浮游动物和被称为虫黄藻的藻类为食。它的半透明伞罩直径为2.5～7.6厘米。有时一些小鱼藏在斑点水母的这个铃铛形伞罩里，保护它们不被较大的捕食者吃掉。

（鱿鱼）和脊椎动物（鲸鱼）。然而，要找到世界上最长的动物，我们可能要看看刺胞动物的另一个目，即管水母。这种水母近亲由相连的个体组成，每个个体都有专门的功能，如捕食、游泳或防卫。巨型管水母——不定帕腊水母（*Praya dubia*）的触手总长达48.7米，栖息在全球深海中，是当之无愧的体长冠军候选人。

大多数水母，包括狮鬃水母，都属于钵水母纲。此纲包含200个已知物种，所有海洋中都有分布，从开阔的深海到沿海水域，从两极到赤道。一个典型钵水母的水母体直径从2厘米到40厘米不等。根据物种的不同，水母体的形状也可以变化，从像碟子到像头盔。透过略带色泽的伞罩发出的各种醒目的橙色、粉色和其他颜色的光实际上是性腺、胃和其他内部结构。孤立的水母体更被为人熟知，是"真正的水母"。一些物种有4条或8条带褶边的手臂从口部周围延伸出来，手臂上长有协助捕捉和吃掉猎物的刺细胞。这些手臂通常看起来比触手更粗。伞罩边缘的触手数量可以从几条到几百条甚至几千条。在一些物种中，触手很短，看起来像从伞罩底部垂下的流苏。在诸如狮鬃水母等物种中，触手可以特别长，并带有刺细胞。

钵水母纲的其他水母包括在夏末困扰北大西洋沿岸游泳者的刺水母。在澳洲水域，热带海黄蜂和箱形水母，如澳洲箱形水母（*Chironex fleckeri*），可以引起严重的损伤和死亡，有时在被蜇后仅几分钟就会发生。在海洋学和无脊椎动物学教科书中，经常用水母造成的可怕的腿部伤口照片显示出海黄蜂的手段。

海黄蜂的刺蜇比令人恐惧的"葡萄牙战舰水母"，即僧帽水母，毒害更大。僧帽水母是一种由一个浮囊和可长达15米的强大刺触手组成的管水母。充满气体的囊是它的帆，如果你发现自己处于下风处，那么看到它稳步接近就很不祥了，尽管它不能控制自己的方向。人类、鱼类和其他海洋动物都会避开"葡萄牙战舰水母"，而海龟则会猎捕和吃掉它们。

游泳水母的动力来自使用冠状肌规律地搏动伞罩，冠状肌是伞罩底部的环行纤维带。一些热带水母种类实际上游速很快，主要是沿着水柱上下移动。几乎所有水母造成剧痛或致命的遭遇都发生在人或猎物不小心离得太近时。当然，具有长触手的水母占据了很大

世界上最大的水母，狮鬃水母主要生活在北大西洋、北太平洋和北冰洋的寒冷水域。2010年，一个狮鬃水母的遗骸被认为曾经在新罕布什尔州海岸附近蜇伤了150人。通常情况下，被蜇的人有短暂的疼痛，但不致命。狮鬃水母以鱼类、浮游动物和其他水母为食。

的区域，不需要漂移或搏动很远就能遇到食物。

大多数水母物种是肉食性或腐屑食性的，即以悬浮的食物颗粒为食。钵水母以所有类型的小动物为食，但许多种类似乎更喜欢甲壳类动物。然而，作为最大的浮游生物，水母挑战了我们关于食肉动物、食物金字塔和浮游生物的传统观念。水母是否扭转局势了？一些水母会把鱼抓住并蜇伤，然后吞吃掉。更小的水母和其他刺胞动物吃桡足类和其他浮游动物。即使是最小的水母也可以成为可怕的食肉动物。几乎任何大小的生物，只要接近或漂浮得离水母太近，都会被捕食。水母不仅吞食动物的成体，也吞食幼体。一些研究人员认为，水母可能正在和鱼类及其他海洋物种的竞争中胜出，而这些物种是健康食物金字塔的基础。作为贪婪、凶险的竞争者，水母可能是很难对付的食客。

人们关于毛虫化为飞蛾或蝴蝶的戏剧性蜕变已经说了太多，但钵水母复杂的多阶段变形也值得深思。典型的发展过程是这样：水母从卵中孵化成自由游动的纤毛幼虫，即"浮浪幼体"，然后变成植物状的无性水螅体群，通常生活在海底，然后再分化为专门具有捕食和其他各种功能的水螅体，采取浮游的生活方式。可生殖的水螅体成为典型水母形状的水母体，这是生命周期中的性阶段。水母的繁殖可以是有性的，也可以通过无性出芽来完成。

与其他许多具有无性繁殖模式的动物一样，许多刺胞动物都有惊人的再生能力，比如微小的水螅。这一简单的水母亲戚终生都作为一个管状的水螅体生活。水螅的经典事件是1744年的一个实验，在实验中，科学家将一根打结的线穿过水螅的基盘，从它的嘴里穿出，将水螅翻过来，里面朝外。这听起来是个残酷的实验，但胃皮和表皮细胞在很短时间内就移动到了它们各自的新位置，使水螅再生，完好如新。一些刺胞动物可以用胃皮或表皮细胞再生整个生物体。

还有一种水螅纲动物道恩灯塔水母（*Turritopsis dohrnii*），即所谓的永生水母。当它达到其性成熟的尺寸时，直径也不超过5毫米，像一个极小的水母。然而，当它在热带海域漂浮的过程中受到攻击或环境压力时，它可以退化为一个茎状的水螅体，这是它在生长早期阶段的身体形态。它发生了逆向变形，然后又重新开始生

葡萄牙战舰水母是一种无脊椎肉食动物，属于管水母——一种与水母相关的集群动物。虽然海里的游泳者害怕它，但海龟却很乐意吃它。

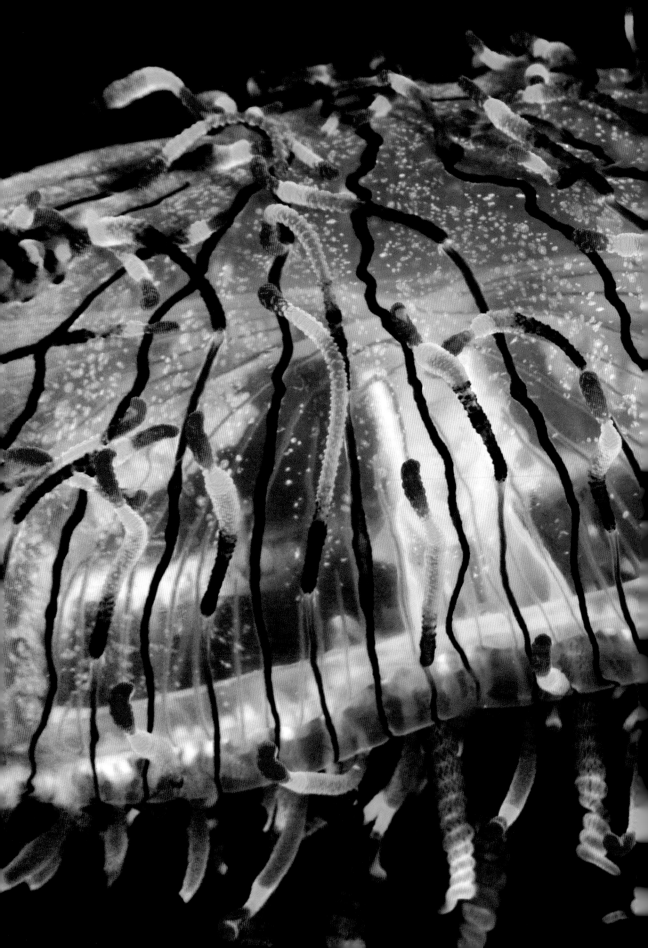

花笠水母（*Olindias formosa*）大部分时间都在巴西、阿根廷和日本南部海岸附近的海底试图炫惑和诱捕小鱼。用它的触手蜇小鱼是致命的，蜇人类会很疼但不致命。它的直径可达 15 厘米。

长。这样它就实际上实现了永生。

永生水母的现象在 1996 年首次被描述，近年来受到很多关注。它出现在 2012 年 11 月 28 日的《纽约时报》封面上，并出现在电视剧《生活大爆炸》的一集中。此外，对只有水螅形态而不产生水母体的水螅物种的研究表明，这些水螅也有可能是永生的。研究人员在其对医学和延长人类寿命的潜在影响方面意见不一，但现在有一些人开始在其他刺胞动物物种中探索这种所谓的转分化，即一种类型的细胞变成另一种。可惜，永生并不意味着无敌。如果它们被整个吞下，如果水变得太冷，或者如果它们没有足够的食物，那么这些异常灵活机变的刺胞动物还是会死。但是在适当的条件下，它们会一往无前，研究人员曾目睹它们随着船只压舱物的跨洋迁移。

刺胞动物是海洋中分布最广泛和最多样化的生物体之一。许多刺胞动物生活在由大量称为水螅体的个员组成的群体中。珊瑚集群就是一个很好的例子。其他刺胞动物，如一些水母集群，有专门用于摄食、繁殖和其他集群任务的水螅体。每个捕鱼的水螅体的嘴边都围绕着一圈触手，一个肠道和神经系统连接着所有的水螅体。触手中可注射毒液的细胞被称为刺细胞，是刺胞动物门所特有的，能刺痛和麻痹猎物，使水母可以捕获桡足类和其他浮游动物。由水螅体包围着整个群体，一只水母实际上变成了一张由全副武装的嘴巴织成的大网，等待着下一个不知情的过客。

这种耐心等待、依靠猎物犯错，并且一般来说很保存能量的生活策略值得一提。它对于水母和其他刺胞动物来说当然有效。然而，在受到干扰的生态系统中，水母不会等待，而是会抢占上风。鉴于全球变暖、极地冰盖周围融化、海洋酸化、商业鱼类的过度捕捞，以及这些压力源目前和将来对海洋持续的多重影响，水母的这一特点令人担忧。随着生态系统失去其完整性和复原力，水母繁殖激增，数量和范围越来越大，已经成为各大洋部分区域的特点。这样的海洋生态系统可能会失去传统的顶级掠食者，如鲨鱼和虎鲸，而被水母所取代。就像占主导地位的蚂蚁和蟑螂有一天可能会继承地球一样，水母和它们一些永生的近亲最终可能会主宰海洋。

地中海里一种尚未命名的透明钵水母纲水母正在展示它的生物发光。

◆

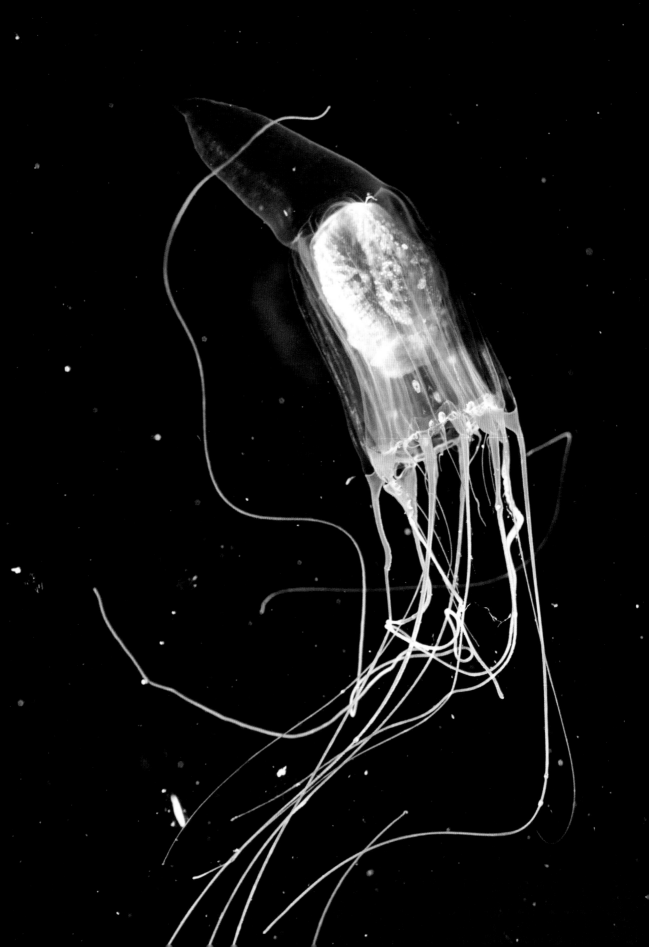

大型鲨鱼（一）

浮游生物滤食者

和最大的鲸鱼一样，世界上最大的鱼也不是危险的食肉动物。它们是滤食浮游生物的鲨鱼，包括姥鲨、鲸鲨和巨口鲨（*Megachasma pelagios*）。这些鲨鱼大张着嘴在水中悠游，吞食大量五花八门的桡足类、磷虾和其他浮游动物。除了食肉鲨鱼和大王鱿之外，来自这类动物的海怪故事比大多数其他物种的都要多。也许早期的海员把吃浮游生物的鲨鱼误认为是海怪还可以原谅，这是由于它们有一些可怕的特征，如庞大的体型、张嘴游泳的姿势，以及在被鱼叉刺中时偶尔的"凶猛"表现，如把船拖到水下，或者为了逃跑把船撞毁等。此外，死去的鲨鱼（特别是姥鲨），可能因为一部分被食肉鲨鱼吃掉了，再加上海浪的不断拍打，所以容易碎裂成相当大且很恐怖的一块块尸体。

长期流传的 19 世纪骇人的怪物故事之一描述了来自苏格兰北部奥克尼群岛的一只怪兽，最初被认为是一条 17 米的海蛇，有马样的鬃毛和 6 条腿。1811 年发表的科学论文为这条"生活在海水里的蛇"创造了一个新的属和种，但科学家们依旧对这只怪物的真实身份争论不休。直到 122 年后的 1933 年，苏格兰皇家博物馆（现在的苏格兰国家博物馆）发表的一篇论文才推翻了这一新物种，表明这只怪物是一条分解了的姥鲨。"鬃毛"是鲨鱼鳍纤维，而那些"腿"是鲨鱼的鳍足以及椎体的骨骼残骸，都是一条姥鲨的。事

这条姥鲨展示了这一物种的典型摄食姿态，它张大嘴巴游动着，试图吞食尽可能多的浮游生物来满足它庞大身体的需要。姥鲨可以长达 12.27 米，是世界上第二大鱼种。

缓慢游动的濒危鲸鲨——白化鲸鲨（Rhincodon typus）是世界上最大的现存鱼类，其身长曾被报达到 18.8 米。像须鲸一样，鲸鲨滤食小鱼、磷虾和其他浮游生物。通常，一个由各种鱼类，如这些舟（Naucrates ductor）（又称领航鱼）组成的迷你生态系统会与它同行，吃鲨鱼的残羹，并清理它体表的寄生虫。

实上，它一定是分成了两块：一块就是被发现的这块，包含了颅骨和脊骨，另一块包含颚、鳃弓和鳍肢。

在过去的几十年里，新英格兰、加拿大东部和欧洲海岸的大量报道将浮肿的尸体夸大成了转瞬即逝的怪物（20世纪70年代马萨诸塞州的一具搁浅尸体被描述为"没有腿的骆驼"），但是经复原和生物学调查，许多被证明是姥鲨。

姥鲨是最著名的以浮游生物为食的鲨鱼。它的长度可达12.3米，是世界上第二大鱼类。它生活在世界海洋的温带水域，大部分时间都在张大嘴巴游动，试图过滤尽可能多的桡足类和其他浮游动物，以满足其庞大身体对大量能量的需求。看向姥鲨洞开的大嘴能使人充分感受到"令人敬畏"这个词原初的意义和力量。这个空间以清晰可见的鳃弓为框架，比日本爱情旅馆的隔间还大，几乎可以容纳一个小型办公室。

1976年人类发现了罕见的巨口鲨，当时有一条巨口鲨吞下了一个美国海军在夏威夷附近用作深水海锚的降落伞。巨口鲨的体长至少可达5米，有着肥厚的嘴唇、松弛的身体、不对称的尾巴，并且只有三排非常小的功能性牙齿。它以浮游生物为食，特别是各种磷虾。迄今为止，巨口鲨被目睹的记录有54次，并显示它在整个热带和亚热带世界海洋中分布广泛，尽管遇到的情况很少，因为巨口鲨白天在深水中摄食，夜间才跟随磷虾等猎物的垂直洄游而上升到中层水域。1990年，一条4.5米长的雄性巨口鲨被活捉，在南加州的一个港口被关了3天，之后科学家将其释放，并用无线电发射器跟踪了几天。1998年，印度尼西亚北苏拉威西岛的几头抹香鲸袭击了一条巨口鲨，使其鳃和背鳍受伤。

鲸鲨不仅是最大的食浮游生物鲨鱼，而且也是世界上最大的鱼类，体型确实堪比鲸鱼。一头大型成熟的雄性抹香鲸的长度可以达到18.8米。鲸鲨生活在热带和亚热带海中，在靠近水面的开放水域摄食。它张开宽阔扁平的大嘴，吸食和过滤微小的甲壳类浮游生物以及小鱼，如沙丁鱼和鳀鱼，有时也食用较大的鱼，如鲭鱼。

鲸鲨被归入须鲨目，而姥鲨和巨口鲨则属于鼠鲨目不同的科。

鼠鲨目的特色是包括有专长的捕食者，如长尾鲨，它可以用尾巴作棍子把鱼打晕，还有速度最快的灰鲭鲨以及捕食海豹、海豚、鲸鱼和大鱼的白鲨。

因此，在分类学上，三种大型食浮游生物的鲨鱼中有两种所在的目包括一些声名狼藉的捕食性和高度肉食性鲨鱼物种。这些滤食浮游生物的鲨鱼被认为是肉食性鲨鱼祖先的后代。鳃上的过滤网从水中筛出浮游生物，这是后来进化出的一个专属特征。无论如何，考虑到寻找、捕获和依靠碎屑大小的微生物为自己提供营养所需的行为技能，生物学家正在修正把食浮游生物的鲨鱼视为海中奶牛或食草动物的观点。我们也要考虑到，它们吃的这些小生物是动物——浮游动物，也就是肉。巨口鲨也有数以千计的小牙齿。在某些方面，这些物种可能与它们捕捉大型猎物的表亲和祖先相差没有那么大。

不过，主要来说，食浮游生物的鲨鱼与大型须鲸同属世界上一些最大的动物，却以微小的浮游动物为食，并花费大量时间迁移到海洋中这种营养丰富的食物大量聚集繁衍的地方。每天要吞食足够的浮游生物来支持庞大的身体也是它们面对的挑战，这一壮举倒是符合它们的怪物身份，但却没有给它们留下多少时间做更怪异的事了。

◆

与巨口鲨迎面相遇是罕见的情况。这个特写镜头拍摄于加利福尼亚附近水域。巨口鲨可长达5米，是三种滤食浮游生物的鲨鱼中最小的一种。在其肥厚的嘴唇后面隐藏着许多细小的牙齿。

与鱿鱼共舞

能有幸目睹一群巨大的鱿鱼在水中轻巧自如地火箭式喷射前行，大眼睛一眨不眨，附肢流畅地拖在身后，就是在欣赏大自然运动的诗篇。高度敏感的鱿鱼以闪电般的神速变换水下的舞姿。在深海的黑暗中，这些舞蹈家使用自身复杂的信号灯，以各种颜色和节拍闪烁和照射，用来眩惑、迷惑和诱惑它们的观众。有几个物种的鱿鱼还能靠自身的喷射推进将自己射出水面，就像精彩的百老汇舞台剧版中的彼得·潘那样。

对位于食物金字塔中间层的鱿鱼来说，"观众"既包括它的猎食者也包括它的猎物。在开阔的海域中，从浅海到深海，生命短暂并且生长迅速的鱿鱼是食物金字塔中介于桡足类、磷虾和其他浮游生物与顶级捕食者鱼类和海洋哺乳动物之间的一个关键环节。鱿鱼的大小、形态和种类多样，有些成群结队，有些则是严格意义上的独行者。已发现认定的鱿鱼至少有300种，分属于枪形目中的28个科。不过它的系统分类还远未完成，而且几乎可以肯定，还有新的物种有待发现，或是需要从现有的混乱分类中梳理出来。它们的大小从长度不到2.5厘米到超过15米都有。

鱿鱼的身体是一个奇妙而古怪的设计，但非常有效。它是软体动物，却与蛤蜊或贻贝完全不同。事实上，鱿鱼的壳位于身体内部，已经缩小成一片，称为内壳。壳的萎缩使鱿鱼进化出了更有利于生存的其他怪异体征。

玻璃鱿鱼（*Teuthowenia megalops*），又名大眼鱿鱼，因其巨大而突出的眼睛得名，通常沿着大西洋中脊在1 000米或更深的海底喷射前行。它透明的身体上布满载色素细胞，这使它能够变色。每只眼睛周围的3个发光器产生光线，使其能在黑暗的深海中看见东西或发出信号。

让我们把鱿鱼和章鱼比较一下。章鱼的结构很简单：1 个头和 8 条腕足相连。而在鱿鱼身上，要分辨出哪一头是哪一头就不那么容易了。即使在水中游动时，鱿鱼也不会透露谜底，因为它既可以朝前喷水，也可以朝后。那么，哪端是头，哪端是尾呢？鱿鱼似乎在两端都各有一条尾巴或尾部附肢。事实上，它的 10 条附肢都从头部长出，其中有 8 条粗大如章鱼的腕足，其余 2 条较细、较长，是用于捕捉猎物的布满吸盘的触腕。在鱿鱼被称为外套膜的流线型身体后端，长有两片上下起伏的鳍，这为某些鱿鱼提供了一些推进力。然而，鱿鱼主要的喷射推进力是在其将水吸入外套膜腔后，又在压力下通过水管排出时产生的，它还可以通过旋转水管来改变游动方向。水在鱿鱼体内的快速和持续流动也提供了关键的氧气来源，其外套膜腔内的鳃从水中提取氧气。

加拿大新斯科舍省哈利法克斯市达尔豪斯大学的鱿鱼研究人员罗恩·欧多尔（Ron O'Dor）和 R. E. 沙德威克（R. E. Shadwick）把鱿鱼称为"无脊椎动物运动健将"和"奥林匹克头足类动物"。他们认为，喷射推进是一种低效的游动方式，这迫使鱿鱼变得运动能力超强，采用高功率输出和快速耗氧来实现可以超过那些最快鱼类的速度爆发。但鱿鱼同时也是马拉松运动员，能够完成数百千米的迁徙。

除了不寻常的身体设计，鱿鱼的成功很大程度上在于它出色的视力、大脑，以及占据其大部分体重的神经系统。首先是视力。鱿鱼视网膜上的视杆细胞和视锥细胞表明它有能力获得可能带颜色的详细图像。当鱿鱼在深海接近全黑的环境时，它的瞳孔会急剧放大充满它的大眼睛，但是其大致类似于昆虫和蜘蛛的那种眼外肌光受体可以使一些鱿鱼感觉到水中的整体光照水平，这也许部分是一种微调其自身生物发光的方式。

与鱼类和大多数其他无脊椎动物的大脑相比，鱿鱼的大脑大而复杂。它实际上是位于眼睛之间和环绕整个食道的大量神经节。难怪鱿鱼能把食物浸解得如此彻底，原来它的食物必须经过它的大脑！

不过，鱿鱼秘密的力量之源实际上是它拥有所有动物中最大的

一张深海鱿鱼——帆乌贼属未定种的特写显示了其身体的主要部分，称为外套膜，其中包含鱿鱼的生命器官。在身体的底部可以看到一个多用途的漏斗，鱿鱼可以通过它吸入和喷出水来推动自己在海中前进。它还利用这个漏斗呼气、喷墨、排出废物，另外如果是雌性鱿鱼，还用它来产卵。

> 超强的视力、复杂的大脑和带有类光纤轴突的超级计算
> 机神经系统都是有力的工具，共同赋予鱿鱼快如闪电的
> 反射速度，使其能比任何其他已知动物群体更快地对刺
> 激作出反应，并向肌肉发送信息。

神经轴突，或称纤维，它的单独一个轴突直径大约是人类神经纤维的 100 倍。这使鱿鱼长期以来都是研究神经系统的科学家的最爱。

　　超强的视力、复杂的大脑和带有类光纤轴突的超级计算机神经系统都是有力的工具，共同赋予鱿鱼快如闪电的反射速度，使其能比任何其他已知动物群体更快地对刺激作出反应，并向肌肉发送信息。这种能力有助于捕猎和快速逃离捕食者。鱿鱼的发光器，即在鱿鱼物种中不同程度上发现的发光器官和载色体，使鱿鱼能比变色龙更快地改变外观，并变出更多样的图案。一些鱿鱼能够产生条纹、斑点和凸起，或是可以完全改变颜色，以达到伪装或惊吓的效果，或者，如果它们继续快速变化，就可以困惑捕食者从而逃脱。因为载色体的变化只在上部的透光层中可见，所以在黑暗的中到深层水域中，就要靠发光器了。这些灯光秀也可以作为交配仪式中的交流信号，而且也许在依然神秘而光怪陆离的鱿鱼世界中还有其他不为人知的用途。

　　在温带的北大西洋，普通短鳍鱿鱼（*Illex illecebrosus*）会在一年内成熟、繁殖和死亡。早春时节，鱿鱼幼体的主要工作就是寻找密集的浮游动物。到了五月，它游到新英格兰和加拿大东部的沿海水域猎捕成群的鱼，如鲱鱼和毛鳞鱼。它很快就达到了成熟的尺寸：不包括触腕的话，雄性 30 厘米，雌性 35 厘米。到了深秋，在经历了一个美好的夏天和充分饱餐之后，它回到靠近大陆架边缘的深水区，寻找配偶、繁殖，然后死去。对于大多数鱿鱼物种，规则是活得快，死得早。

　　蒙特利湾水族馆研究所的研究人员正在努力厘清一种生活

13厘米长的生活在海洋中层带的八腕鱿鱼不加区别地将精囊提供给雌性和雄性。在对捕获的鱿鱼进行检查后，研究人员最初对在雄性身上发现这些精囊感到疑惑，并认为发生了自我植入的情况。其实，在这种鱿鱼栖息的黑暗水域中是很难察觉同伴性别的，因此雄性八腕鱿鱼战略性地靠数量制胜。（图片由蒙特利湾水族馆研究所提供）

在太平洋中层带的13厘米长、腕尖可以生物发光的八腕鱿鱼（*Octopoteuthis deletron*）仓促的性生活。这种鱿鱼用它的阴茎将含有数百万精子的精荚附着在雌性的身体上。然后，精荚排出称为藏精器的小囊，植入雌性的身体但仍然可见。不过，亨德里克·霍温（Hendrik Hoving）和他的同事发现，这些囊以相同的数量存在于雌性和雄性鱿鱼体内。这是怎么回事呢？

对于一些被网缠住的鱿鱼物种，科学家认为可能发生了自我植入。但在八腕鱿鱼的情况下，很明显，雄性对其他雄性进行了植入。雌雄体内相等比例的藏精器显示出不加区别的植入尝试。由于它的生物钟比定时炸弹还快，这种鱿鱼根本没有时间浪费在求爱或其他准备工作上。正如科学作家埃德·扬（Ed Young）所说："最好是先向所有对象射精，后问问题。"

鱿鱼可不是什么"各人自扫门前雪"的生物，它们在世界海洋各处发挥的生态作用也为食物金字塔添砖加瓦。许多鱿鱼，无论大小，即使是短鳍鱿鱼和其他普通鱿鱼，都有一种略显怪异的外观和举止。用美国自然学家奥尔多·利奥波德（Aldo Leopold）的话说，从人类的角度看，10条相当于四肢的附肢超过需要的两倍还多，人们显然喜欢4条或更少。想象一下，有10条蛇一样的附肢卷曲在你的身体四周，触探着、环绕着，然后用带锯齿环的吸盘抓住你，绝不放开。不过，在许多生物群体中，真正异常的生物出现在物种发生分化并沿不同的新路径进化时，而这些进化是为了适应、填补，有时还会塑造越来越神秘和怪异的生境。真正的怪物就是这样诞生的。

例如大王鱿。只是到了21世纪的第一个十年中，研究它们的科学家才第一次短暂目睹了一只活体。由于大王鱿尚未成为其自然栖息地中的长期研究对象，所以关于这种巨大的生物，很多可说或可猜的习性特征都是基于有限的数据和从我们对较小鱿鱼的了解中推测而来的。一些大王鱿的神话已不再有吸引力，但关于其本性尚有大量的不确定内容。分类学家在通过研究整个鱿鱼目来拼出鱿鱼的进化史方面还亟待突破。这里有一个非正式却合理的大王鱿进化假说：小到中等大小的鱿鱼偶尔会生下更大、成长更快的后代，这些后代在更深的水域找到了某些优势，并在那里安家。经过许多代之后，这种动物变得越来越大，生长速度越来越快，生活在越来越深的水中。

大王鱿不是仅仅找到了它们地理上的生态位，而是在身体大小、迅速长到这样大小的能力，以及栖居深度所有这些方面都进行了自我优化。动物在体型小的情况下最容易被吃掉，或者对于体型较大的鱿鱼来说，是在年幼的时候。因此，快速成熟避免了被捕食的危险期过长。迁移到更深水域意味着周围的捕食者更少。大致接近鲸鱼的体长使它需要惧怕的捕食者更少，只剩了最大的食肉鲨鱼和所有齿鲸中最大的抹香鲸。此外，大王鱿就没有多少其他麻烦了，也许除了来自其他大王鱿的麻烦。对回收的大王鱿尸体胃部的少数研究记录了10种鱼类、蛤蜊、被囊动物、甲壳类动物和5个

一条大王鱿被冲到了澳大利亚塔斯马尼亚的海滩上。直到最近，与大王鱿的邂逅只限于它搁浅的情况，就像这次。见到它的是英国电视野生动物纪录片主持人奈杰尔·马文（Nigel Marven）。

鱿鱼物种的残留，包括大王鱿的。那么，大王鱿是常规的同类相食动物，有高度的领地性，还是只是食谱杂乱呢？没有人知道。

　　大王鱿的主要工具是它的 2 条长触腕，就像一对巨大的弹力绳。这些超大型可延展的附肢远远超出了它其他 8 条已经长度惊人的腕足，也部分造成了对其最大尺寸大相径庭的估计。根据 19 世纪的一份二手报告，外套膜加触腕的最大长度为 17.4 米，但从同行评审的文献中核实的现有最大标本为 12 米。每条触腕末端部分布满吸盘的棒状触腕穗是大王鱿的特有利器，用于抓住猎物。触腕和腕足上都有吸盘：腕足上有 2 行，触腕上有 4 行。每个吸盘就像一个吸杯，内衬锋利的锯齿状甲壳质环。这些致命的吸盘是造成抹香鲸身上伤痕的原因。

大王鱿在头足类动物中是独一无二的，因为它可以用沿着触须的长度排列的一系列小吸盘和与吸盘匹配的小球形凸起将两条长触腕像拉锁一样"拉"上，形成单独一根的极富弹性的长柄，末端是两根粗重的爪形棒，像一件中世纪的惊人武器。即便如此，还没有人目睹过大王鱿捕捉大型猎物，更不用说观察到它是如何使用这种毁灭性武器的。一些研究人员认为，与其他鱿鱼物种相比，大王鱿行动迟缓，而且它甚至可能不在捕猎时使用触腕。然而，大王鱿似乎有能力凭狂挥乱舞、令猎物粉身碎骨的冲力来发动攻击。

仅从尺寸上看，海洋中的终极捕食者与猎物之争似乎是在大王鱿和抹香鲸之间。但这会是一场大战吗？抹香鲸是捕鱿专家。它粗大而咬合力强的牙齿、出色的深潜技术、发出高频声波的能力、硕大的脑袋和庞大的体型都具有非凡的适应性，似乎专为捕捉、制服和吃掉大王鱿而设计，尽管如果大王鱿准备一搏的话，它也有不凡的智力，更不用说还能在瞬间喷射躲避，或者挥舞它抓力极强的腕足和两条致命的带吸盘的触腕反击。

一位坚定的鱿鱼支持者提出，大王鱿也许能够通过紧咬不放制服抹香鲸，甚至将其淹死，但这种说法很牵强。抹香鲸胃中 15 厘米长的鱿鱼喙证明抹香鲸确实"赢了"，而抹香鲸身上的吸盘痕迹显示鱿鱼曾激烈地反击。尽管如此，至少有一位大王鱿专家，弗雷德里克·奥尔德里奇猜测，抹香鲸在与大王鱿的战斗中绝不会输。但是，鲸鱼设法制服鱿鱼并吞掉不止一两条触腕的情况有多频繁呢？

美国史密森尼国家博物馆的荣休动物学家、大王鱿权威克莱德·罗珀（Clyde Roper）和其他人检查了一些抹香鲸的胃，估计 1 头抹香鲸在一周内可以吃掉 4 万条小鱿鱼。当科学作家温迪·威廉姆斯（Wendy Williams）为她的书《克拉肯：大王鱿奇异、刺激并有些令人不安的科学》（*Kraken: The Curious, Exciting, and Slightly Disturbing Science of Squid*）做研究时，罗珀告诉她，根据大王鱿的

喙在抹香鲸胃中出现的频率，他猜测 1 头抹香鲸每周可能会吃 1 到 2 条大王鱿，那么每年就会吃掉 50 到 100 条。鉴于抹香鲸在世界海洋中有几十万头，这表明也有大量的大王鱿在深海中四处喷射遨游。

大王鱿进化出更大体型的代价可能是牺牲了速度。它的身体看似柔软、像海绵，并且易留伤痕。一些科学家推测，大王鱿甚至可能是一种害羞的生物。因此，尽管写《寻找大王鱿》(The Search for the Giant Squid) 的作家理查德·埃利斯曾宣称这种动物是"唯一真正适用海怪一词的活体动物……关于它的神话、寓言、幻想和小说比所有其他海怪的总和还要多"，但它可能根本不是什么怪物，除了它不明智的体型尺寸。就像昆虫被放大到恐龙的大小（那是一种不可能的生物）一样，大王鱿拓展了可信度的极限。需要煞费苦心的观察和更多的研究来证实这一切，而这仅靠国家地理学会、探索频道和 NHK 花费数百万美元来资助多次探险，以求在其自然栖息地拍摄这一神话式的深海生物，也许是不够的。真正的成功将是首次录下抹香鲸和大王鱿之间的交锋。要实现这一目标还需要多少年呢？

1997 年《国家地理》杂志对新西兰凯库拉峡谷的考察未能发

这头在墨西哥的太平洋沿岸浮出水面的雄性抹香鲸正在进食，食物看似是一条大鱿鱼的一部分，可能是一条大王鱿。

现大王鱿，但它确实用数码摄像机捕捉到了一个罕见的深海中捕食者与猎物的场景：一条 60 厘米的箭鱿在 730 米深处与一条 1 米的白斑角鲨搏斗。这提供了诱人的深海一瞥，使我们看到一条鲜活的鱿鱼展开它强劲的触腕来缠绕一条撕咬它的鲨鱼，试图将其制服。两只饥饿的动物打成平手，接着鲨鱼撤退了。照片一改该杂志清晰、色彩平衡的图片特色，是黑白的，未经加工，颗粒感明显，这反而使它更加震撼。照片说明了为什么深海以及对其居民行为的了解对我们来说依然是真正的遥不可及。

1999 年在凯库拉峡谷的最后一次尝试之后，《国家地理》杂志转向了其他项目。显然，如果要拍摄大王鱿，那么将会花更多的时间，也许要用另一种方法，在另一个地点，并耗费更多的资金。

有两位愿意投入时间和尝试新方法的科学家，他们是来自东京国立自然科学博物馆的洼寺恒己（Tsunemi Kubodera）和东京以南 1 000 千米的小笠原（或称博宁）群岛小笠原观鲸协会的森亨一（Kyoichi Mori）。小笠原群岛是众所周知的一个抹香鲸集结地。森亨一是第一位在日本使用照片识别技术研究鲸鱼的科学家，在小笠原群岛已居住多年。洼寺恒己被吸引到小笠原是因为那里的抹香鲸和其他地方的一样，被认为经常以大王鱿为食。人们发现过漂浮在海面上的大王鱿残骸，延绳钓的渔民还在收线时见到了缠在诱饵上的触腕碎块。

从东京到小笠原乘坐了 25 个小时的远洋渡轮后，洼寺恒己依然兴致不减，决心找到一种方法来拍摄大王鱿的活动。他与森亨一见了面，后者有船，也熟悉这一带的抹香鲸，具备海上航行经验，对这些岛屿非常了解。这似乎是一场注定要发生的科学联姻：世界鱿鱼权威和世界抹香鲸权威之间的合作。但还不仅如此。洼寺恒己和森亨一是两位谦虚、低调的研究人员，虽然没有什么预算，但他们都有耐心和毅力。（当我在 21 世纪初的几个会议上遇到森亨一时，我询问了他目前研究抹香鲸的进展，他回答说他正在做一些关于鱿鱼的研究。他并没有说"巨型"，也没有用"野外考察"这个词。我没有多想。根据我的经验，抹香鲸生物学家研究鱿鱼是很正常的。）

2002 年，洼寺恒己和森亨一在他们的研究船上工作，并开始在抹香鲸已知的捕食区域，即沿着 1 200 米的等深线，在小笠原群岛的主岛父岛东南 10 ～ 15 千米处投放垂直饵线。偶尔，他们会到只有那里一半深的水域进行夜间尝试，因为已知抹香鲸夜间会到较浅的海中摄食。抹香鲸在每年的 9 月到 12 月来到小笠原群岛。在 2002 年至 2004 年期间，两人总共进行了 23 次部署。

洼寺恒己和森亨一使用的方法部分是既定的钓鱼技术，部分是高科技的现代生物学。他们把长达 1 000 米的鱼线系在 3 个大浮筒上。在鱼线末端的仪器包里有一个数码相机、一个计时器、一个闪光灯、一个深度传感器、一个数据记录器和一个开关，当仪器包到达 198 米以下时开关就会启动。悬挂在仪器包下方 3 米处的诱饵装置坠有一个带 3 个钩的铅质鱿鱼钓钩，以一条新鲜的日本鱿作诱饵。还有两条较短的侧绳，上面分别挂着一个以另一条鱿鱼作饵的大钩和一个网袋，袋里装有捣碎的磷虾作为气味诱饵。相机朝下对准鱼饵，设置为每 30 秒捕捉一次 150 KB 的 JPEG 图像，持续 4 至 5 小时。

洼寺恒己和森亨一后来在《英国皇家学会会刊 B 辑：生物科学》(*Proceedings of the Royal Society B: Biological Sciences*) 中写道，2004 年 9 月 30 日上午 9 点 15 分，一条大王鱿攻击了他们布置的诱饵中较低的那个，深度接近 900 米，而海底深度是将近 1 200 米。相机抓拍了两条长触腕围绕鱼饵包裹成一个球的照片，首次揭示了这一物种的攻击和捕食姿态。一瞬间，大王鱿的一条长触腕末端棒状的触腕穗被鱿鱼钩钩住了。这张照片虽然粗糙，但光线明亮，是世界上第一张活体大王鱿的动态照片。

在接下来的 4 个小时里，相机拍摄了大约 550 张 JPEG 照片，记录下鱿鱼试图挣脱鱼钩、靠游泳或喷射逃离的努力。在最初的 20 分钟里，大王鱿想把自己拉开，从相机的视野中消失了。然后，它又花了 1 个多小时反复接近鱼线，大张开 8 条腕足包围住它。有一次，鱿鱼把鱼线从 900 米深处向上拉到了只有 610 米的深处。

在大王鱿被钩住 4 小时 13 分钟后，它的触腕断裂了，因为相机画面显示出鱼线突然的松弛。断开的触腕仍然连在鱼线上，被洼寺恒己和森亨一在拉起相机系统时收回。甚至在看照片之前，他们就知道此次有了大收获。这条触腕明确无误地属于一条大王鱿，沿着触腕轴显示出特有的成对吸盘和凸起。最惊人的是，这截回收的触腕仍然在动。洼寺恒己和森亨一惊奇地看着触腕穗上的大吸盘反复抓着船甲板，甚至当他们斗胆伸出手时，它还抓住他们的手指。

后来的 DNA 分析进一步证明这确实是一条大王鱿。触腕有 5.5 米长，这使研究人员能够确定鱿鱼的大小。假设触腕是从根部断的，那么它大约有 8 米长，远未接近 12 米的纪录尺寸，但已经很大了，而且是活的。

洼寺恒己和森亨一在他们的期刊文章中写道："迄今为止，为在其深海栖息地观察这种神出鬼没的生物所做的大量努力都极不成功，"接着他们低调地宣布，"在这里，我们展示一条大王鱿在其自然环境中的第一批野生照片。"

最令人兴奋的是，他们现在对这一物种的特征和行为有了一定了解。许多研究人员一直认为大王鱿充其量是一种行动迟缓、中性浮力的鱿鱼。然而，洼寺恒己和森亨一写道："我们的照片显示，大王鱿是一种捕食者，比人们以前所认为的要活跃得多……利用（它们）延长的摄食触腕来打击和缠住猎物。"

2005 年 9 月，当这个故事登上《纽约时报》和世界其他几百家主要报纸的头版时，我正在巴塔哥尼亚。几个月后，我和森亨一在小笠原的一次会议上一起做报告，而他和洼寺恒己就是在那里拍摄了大王鱿。他给我看了存放在冰箱里的那条珍贵的鱿鱼断腕，并且讲故事到深夜，播放了 NHK 关于他们工作的长版电影，边放边评论，并补充了很多离题的趣闻。《国家地理》杂志和其他机构花费了数百万美元试图找到和拍摄大王鱿却无功而返，而这两位日本科学家巧妙地只用一点啤酒钱就悄悄解决了问题。

至于断掉的触腕，一些鱿鱼物种可以重新长出来，而大王鱿就被认为是其中之一。许多章鱼和有的鱿鱼物种还可以重新长出腕足。蒙特利湾水族馆研究所的研究员斯蒂芬妮·布什（Stephanie Bush）发现，她观察的海洋中层带八腕鱿中的 25% 至少有一条腕

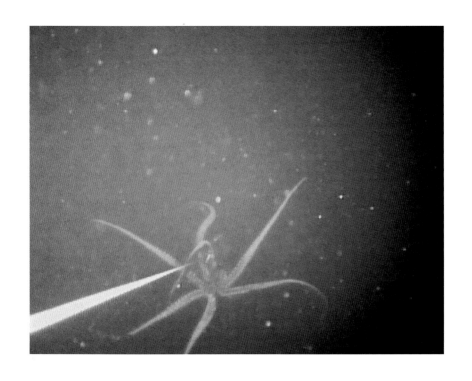

2004 年 9 月 30 日，日本科学家洼寺恒己和森亨一首次拍摄到活体大王鱿在其自然栖息地的照片。这种传说中的"海怪"的活动，被定格在这幅颗粒感明显的画面之中。

足的尖端断了，这让她感到好奇。当她把活体标本带到实验室时，她看到一些个体断掉了从 2 条到全部 8 条不等的腕足，一般是由于腕足抓住了某件东西或被什么东西抓住了而造成的拉伸导致其断裂的。这种断裂可以发生在一条腕足上的不同位置。布什看着这些断裂的腕尖四处乱动了 10 多秒，每个腕尖上的发光器官都发出明亮的光，此时她确定，这些公然的自残行为是鱿鱼企图靠脱落其生物发光的腕尖来迷惑和干扰捕食者或猎物。这种行为在其他鱿鱼物种中也曾出现过，比如前面提到的幽灵蛸。因为鱿鱼通常只失去其腕足的尖端，所以它的捕猎和进食能力不会受到影响。

洼寺恒己继续在小笠原研究大王鱿，于 2006 年 12 月成功获得了第一份活体大王鱿的视频证据。在被垂直延绳钓到后，这条鱿鱼瘫软在水面上。这是一条包括触腕在内长约 3.5 米的雌性幼鱼，它显然在温暖的表面水层很不适应。海面上的大王鱿就像惯于深潜的抹香鲸在浅水里或搁浅在海滩上一样，面临严重的麻烦。

随着小笠原第二次成功的消息传开，媒体和科学界的其他人员开始考虑拍摄高质量的视频，为这种神秘生物的生活提供新鲜和更详细的信息。NHK 从一开始就在与洼寺恒己合作，所以顺理成章地延续了这种合作关系，而探索频道也加入进来，因为他们同样渴望获得大王鱿在其自然栖息地的重要视频。

经过多次讨论和一些展示介绍性的研讨会和提案之后，该小组决定，为了获得成功，下一次考察必须采取多管齐下的方法。当然，鉴于他与森亨一合作完成的巧妙工作以及迄今为止取得的成果，洼寺恒己必须参加。一如既往，他的作用将是毫不张扬的，像任何渔夫一样，只是悄悄放出诱饵，然后坐下来耐心等待。

新西兰鱿鱼研究专家史蒂夫·奥希亚（Steve O'Shea）曾在新西兰周围打捞过一些大王鱿的尸体，他认为鱿鱼的信息素和其他吸引性的化学物质会是答案。

考察队还有一位作用难以预料的成员：生物发光专家埃迪·维德，她对海洋中层带中光的语言有着深刻理解。维德将试图用她的电子水母来吸引动物，这是一种带有程控蓝色 LED 的光学诱饵，是她为吸引生物发光的动物而开发的。

这会对大王鱿有用吗？尽管大王鱿本身不产生生物发光，但它的眼睛是动物界中最大的，甚至比鲸鱼的眼睛还大，大约有一个压扁的篮球那么大，每只眼睛都有一个深色的虹膜和一个可调节的晶状体。这样的眼睛不会错过什么。当然，在捕猎时，它们会留意可疑猎物发出的闪光。这值得一试。

不过，为了使关于大王鱿的工作更上一层楼，该小组决定，大家必须坐潜水艇去与鱿鱼相遇，吸引它，与它共处一段时间，然后对它进行高清拍摄。这就是挑战所在。鉴于在日本水域开展这样一次考察成本很高，这将使科学家们在远不如他们各自的预算舒适区的条件下工作。要想有哪怕一点成功的机会，他们都必须作为一个基本独立的单位长期工作，持续数周。

就在这时，一位热衷于冒险并希望将其财富用于科学和自然保护的赞助人出现了。白手起家的美国亿万富翁雷·达利奥（Ray Dalio）是一位对冲基金经理，也是桥水基金的创始人。达利奥于

1975 年在他位于纽约市东 64 街的小公寓里创办了这家公司，据《福布斯》杂志的报道，他把它变成了"世界上最大的对冲基金公司"。

2011 年，达利奥购买了"阿鲁西亚号"，一艘 56 米的摩托艇，配备有传感器、摄影升降机和潜艇启动平台，并自备 200 万美元特里同潜艇。尽管达利奥买下这艘游艇是为了家庭水下游览，但他还是将"阿鲁西亚号"和三人潜艇提供给了研究小组和 NHK、探索频道。他的这一慷慨举动使小组接下来的工作成为可能，而他们的工作不仅是对科学的一个巨大贡献，也极大地激起了公众对这些动物和它们黑暗的深海世界的同情。

2012 年 6 月 22 日，研究小组和摄影小组在日本本土的相模湾登上了"阿鲁西亚号"前往小笠原，从那里开始了为期六周寻找大王鱿的秘密科研巡航。除了洼寺恒己、奥希亚和维德之外，特里同潜艇公司的总裁帕特里克·莱希（Patrick Lahey）也在船上，负责培训小组成员操作潜艇。一到小笠原，潜艇的行程就被安排得满满当当，每次都持续 8 到 10 个小时。尽管偶尔有大的风浪和其他复杂情况，小组还是成功地进行了 55 次潜水，在水下呆了近 300 个小时，并经常将潜艇下潜到其可承受的最大深度——1 000 米。

除领航员外，每次下潜都有一位科学家和一位摄影师随行。奥希亚在他下潜时携带了一种强效的鱿鱼精华——他从搁浅的成熟雄性和雌性鱿鱼性腺、腕足和外套膜中获得的化学物质。他希望这些性信息素能引诱成年鱿鱼来查看源头。奥希亚并不担心潜艇发出的噪声或其灯光会使鱿鱼不敢前来。事实上，他认为最好的方法是"灯光闪耀，高唱尼尔·戴蒙德（Neil Diamond）的歌，发出尽可能多的噪声，向水中喷射各种化学物质。我坚信，这些鱿鱼根本不在乎灯光或声音，它们 20 克的大脑里唯一的想法就是吃和繁殖。"

奥希亚在潜水时多次见到各种被诱饵并且被潜水艇本身吸引来的生物。自由记者阿里基娅·密立根（Arikia Millikan）在她 2013 年 1 月 25 日的博客中写道，在一次 500 米的下潜中，"他们有一次感觉到下面传来砰的一声，并发现自己被笼罩在巨大的一团墨汁中。奥希亚在他开灯的下潜中看到的鱿鱼比任何其他人都多，但没有一条是大王鱿物种"。

埃迪·维德也很乐意开着灯，不过她选择的灯光是她昵称为 e-jelly 的电子水母的蓝色闪光灯，它被编程模仿一种常见的深海冠水母，例如礁环冠水母（*Atolla wyvillei*），受到攻击时的恐慌行为。当受到围攻时，这种水母会产生一种其他深海生物可见的生物发光。尽管它显然不在鱿鱼的菜单上，但维德从早先的实验中知道，小鱿鱼可能会被电子水母吸引而来。

正如维德在考察后的一次 TED 演讲中所说，生物发光水母的"唯一逃生希望可能是吸引一个更大型捕食者的注意，在它攻击水母的攻击者时，给水母一个逃跑的机会。这是一种求救的尖叫，是为逃跑的最后一搏，也是深海中一种常见的防御形式"。维德希望什么呢？电子水母的"生物发光防盗警报器"将吸引大王鱿的注意。

维德曾与遥控无人深潜器和深海潜水器合作过，但她发现液压系统和电动推进器的噪声太大。为确保鱿鱼不会被不必要的声音分散注意力或吓跑，维德没有从潜艇上启动电子水母，而是将其连接到一个专为从船上抛入海里设计的摄影平台上。这个名为"美杜莎"的平台与一个浮筒和超过 610 米的绳子相连。在沉入深海之后，它静静地只发出大多数深海动物看不见的红光。摄像机被留在那里自行工作。

维德的方法成功了。在一次部署之后，她钓上了宝贝：第一段被了不起的电子水母吸引并被远程摄像机拍到的活体大王鱿动态视频。

当她回忆起那一刻时，维德的眼睛亮了："它好像在挑逗我们，跳一种扇子舞——现在你看到我了，现在你看不到了——我们看到它四次这样挑逗性地出现。然后，在第五次，它进入了画面，让我们完全目瞪口呆。真正让我惊叹的是它如何从电子水母上方过来，攻击了水母旁边的庞然大物——平台，我想它把平台误认为电子水母的捕食者了。"

在整个考察期间，维德没能从潜艇上看到任何大王鱿。但她总共通过她的远程系统捕捉到了 6 个大王鱿的视频片段。

大王鱿喜欢开着灯还是关上灯？它们似乎喜欢那些蓝色的灯光，也不介意摄影系统的红外光。而安静的方法并没有使它们远离。

洼寺恒己在潜艇上用的方法也是红外照明系统，而且他采用了

当受到攻击时，礁环冠水母会产生生物发光的闪光，有效地起到防盗报警器的作用，吸引大型捕食者过来捕食水母的攻击者。为了吸引鱿鱼，生物发光专家埃迪·维德创造了一种光学电子诱饵，用蓝色 LED 灯来模拟礁环冠水母的闪光。

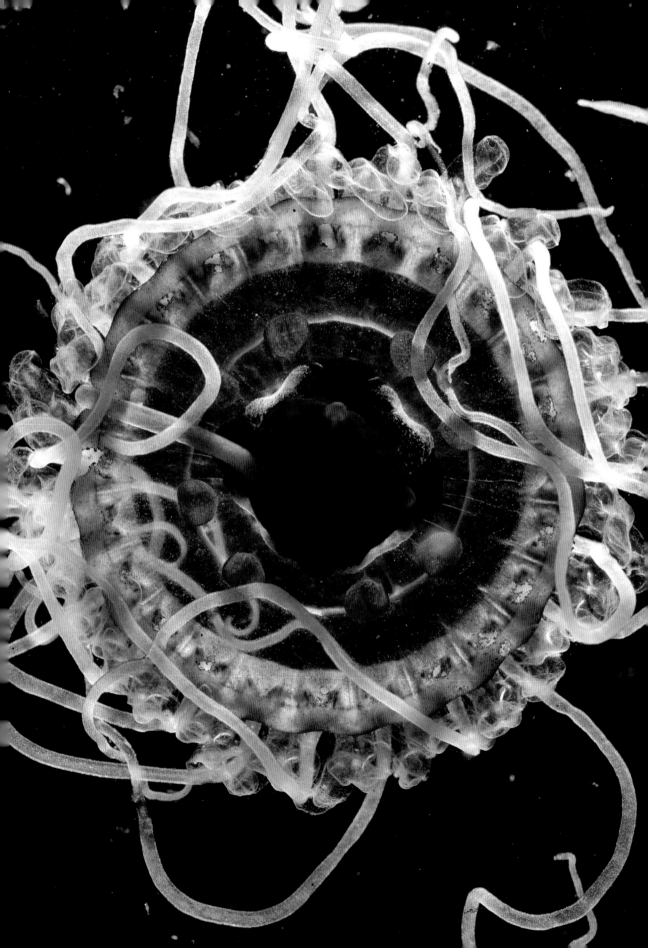

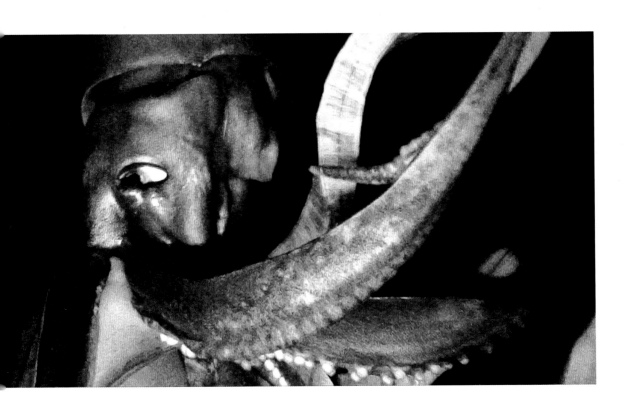

2012 年，世界上的鱿鱼权威们在一艘潜艇上观察和拍摄时拍到了有史以来第一个高分辨率动态的大王鱿视频。一条好奇的大王鱿喷射过来查看诱饵。15 分钟后，考察队得到了珍贵的视频，这张图片就是从视频中截取的。（© NHK/NEP/探索频道）

最安静的方法，与枪炮轰鸣的奥希亚完全相反。他认为大王鱿可能对声音振动很敏感。除了照明系统外，他关掉了潜艇中所有的电子装置，甚至温度控制系统。一直都是渔夫的他把一条 1 米长、作为诱饵的菱背鱿鱼挂在延绳钓使用的那种鱿鱼钩上，还在鱼饵上装了灯作为双重引诱，然后将鱼饵悬挂在潜艇前方。接下来，他和潜艇上的摄像机对准被照亮的鱼饵，开始了漫长的等待。一次 8 个小时，洼寺恒己在红光下研究着鱼饵，只在必要时才轻声说话。

最后，一条大王鱿游进了视线。它确实是被诱饵吸引而来的。对周围环境充满好奇符合捕食者自身的利益，而这条大王鱿研究鱼饵的行为表现出了典型的捕食者好奇心。

洼寺恒己非常兴奋，打开一个手电筒以便看得更加清楚。这条大王鱿并没有喷射离开，所以他决定冒一次更大的险，索性打开了潜水艇明亮的白色灯光，并瞄准鱿鱼。灯光将一个惊人事件变成了珍贵的高分辨率视频。这就是好莱坞所说的"赚钱镜头"。

视频中的这条大王鱿似乎有很多附肢，但它的触腕却不见了，也许是断在了渔民的鱼线上，或者是在遇到抹香鲸的时候。没有迹象表明触腕已经重新开始长出，所以断裂可能发生在最近。

"真是令人叹为观止，"维德回忆说，"如果这只动物的摄食触腕完好无损并完全伸展开，它会像两层楼房一样高。"

在接下来的 15 分钟里，这条大王鱿在周围徘徊，"看起来很美"，奥希亚后来这样说。团队用高质量的视频记录了这次珍贵的相遇。这场耗资巨大、费时无数的豪赌得到了丰厚回报。

考察队的成功甚至传到并震撼了华尔街，至少在一个小的方面。对冲基金经理雷·达利奥自豪地宣布，他的船和潜艇在其自然栖息地遇到了一条大王鱿，并首次成功拍摄了它。虽然达利奥本人并不在船上，但他对于考察队激动人心的经历感同身受，并将这一突破性的消息传遍了曼哈顿以及更远的地方。

美国科学作家珍妮弗·弗雷泽（Jennifer Frazer）在她的《科学

日本南部的热带小笠原群岛是大王鱿及其捕食者抹香鲸的首选之地。2012 年 6 月，NHK- 探索频道的一次考察捕捉到了这幅神秘鱿鱼的罕见图像。据估计，一头抹香鲸一周最多可能吃掉 3 条大王鱿，但从没有人目睹过这样一场某些人所称的"海洋终极大战"。（© NHK/NEP/探索频道）

美国人》博客中写道："所有这些科考的结果是使人们越来越认识到，大王鱿并不是一种害羞、孤僻的生物，但它也不是怪物。它是一种复杂的动物，我们只有幸看了诱人的几眼而已。而抹香鲸和大王鱿的终极战斗还有待见证并记录在照片或视频中。"

也许比大王鱿本身更可怕的是它可能有几个物种。自19世纪中叶以来，科学论文中报告了大约20个大王鱿的种类。在20世纪80年代，科学家提出了3个有效的物种，分别是：在北大西洋的大西洋大王鱿（*Architeuthis dux*），在北太平洋的马氏大王鱿（*Architeuthis martensi*），以及在南大洋的圣保罗大王鱿（*Architeuthis sanctipauli*）。然而后来遗传学研究表明，只有一个物种，大西洋大王鱿，即大王鱿。

不过，还有其他的大型鱿鱼。大王酸浆鱿被认为比大王鱿还要大，还要凶猛得多。它曾被渔民拉上来过，但一直没有被拍摄过，甚至在它生活的深度也没有人见到过活体。它的触腕比大王鱿的短，因此它的总长度可能达到9米，但由于其巨大的外套膜、鳍和头部，大王酸浆鱿整体上更重、更庞大。

大王酸浆鱿的凶猛习性仅是一种猜测，支持这种意见的证据是，它的触腕上有几十个可360度旋转的倒钩，而不是在大王鱿和其他鱿鱼物种上常见的锯齿状吸盘。旋转钩使大王酸浆鱿有机会制服远超过大王鱿捕猎范围的猎物。

大王酸浆鱿栖居在海洋中一些最冷、最黑暗的水域。迄今为止，它只在南极洲南纬40度以南被发现过，大约是大王鱿的领地边界。也许它们会沿这条界限相遇，用它们的大眼睛相互对视。目前还没有两者相遇的记录。已知最大的大王酸浆鱿在遥远南方的罗斯海被发现，那是地球上最冷、最冰封、最偏远、最南端的海域。它有时被称为"最后的海洋"。2017年，它成为世界上最大的海洋保护区。

没有哪个海域比罗斯海更值得作为海洋保护区进行全面保护。然而，几年前，一项始于在那里捕捞大型、生长缓慢的莫氏犬牙南极鱼（*Dissostichus mawsoni*）的新西兰"实验性"延绳捕鱼业很快失控。来自其他国家的商业渔民迅速纷至沓来捕捞犬牙鱼。这些鱼被当作智利海鲈鱼（买家要小心！）在世界市场上出售给那些不懂美洲大赤鱿（*Dosidicus gigas*），或称洪堡鱿鱼，也有一些怪异之处。已故美国鱿鱼权威吉尔伯特·沃斯曾经说过，洪堡鱿鱼"可以把船桨和船钩咬成两半，并在几分钟内把巨大的金枪鱼吃得精光"。

行或不在乎的人。罗斯海的研究人员多年来一直知道，这些可存活近50年的犬牙鱼对在南极吃鱼的虎鲸很重要，但在2007年，他们了解到，除了虎鲸和人类之外，还有一个物种也喜欢这种鱼。

2007年，"圣阿斯皮灵号"上的新西兰渔民拉起了一条大王酸浆鱿，它还抓着一条犬牙鱼。鱿鱼的旋转钩牢牢地插在它正在吃的犬牙鱼的肉里，而且它拒绝松手。当最终与它珍贵的猎物分开时，这条大王酸浆鱿被发现重达495千克。这是该物种迄今为止的重量纪录。

除了大王鱿和大王酸浆鱿，还有什么？美洲大赤鱿（*Dosidicus gigas*），或称洪堡鱿鱼，也有一些怪异之处。已故美国鱿鱼权威吉尔伯特·沃斯（Gilbert Voss）曾经说过，洪堡鱿鱼"可以把船桨和船钩咬成两半，并在几分钟内把巨大的金枪鱼吃得精光"。洪堡鱿鱼可达到2米长，重45千克或更重。它肌肉发达、尾鳍宽大，具有一股原始的力量，给人某种凶猛之感。然而近年来与洪堡鱿鱼打交道的研究人员却不怎么提及它的危险性，而说他们实际上会愿意与这种鱿鱼一起游泳。"能伤害"并不意味着它们一定会攻击人类。即使是所谓温和的鲸鱼也曾造成过人类的意外死亡。洪堡鱿鱼在秘鲁和智利附近的洪堡洋流中十分自在，但当洋流向更远的北方流动，与变暖的海洋融合时，这些鱿鱼也开始出现在北至加拿大不列颠哥伦比亚省，甚至阿拉斯加南部的水域中。

在20世纪30年代的几年内，以及又一次在20世纪70年代末，洪堡鱿鱼侵入了加利福尼亚水域。渔民们很高兴有机会捕到这些庞大的鱿鱼，因为它比他们通常捕到的30厘米的加州鱿鱼（*Loligo opalescens*）大2至6倍。但长鳍金枪鱼拖钓者发现洪堡鱿

这条成年雄性大王酸浆鱿的眼睛有餐盘大小，外套膜比大王鱿的大，体重约为495千克。南极捕捞犬牙鱼的渔民2007年2月在罗斯海意外捕获了它。它是迄今为止发现的少数大王酸浆鱿中最大的一条。

鱼从他们的鱼钩上抢走鱼饵并被钩在鱼钩上。R. S. 克罗克（R. S. Croker）在1937年的《加利福尼亚鱼与猎物》（*California Fish and Game*）期刊上报告了第一次入侵的情况，他写道，一旦鱿鱼被拉到船上，它们就常常会向渔民喷射墨汁或是水流，有时还用它们强有力的喙咬人。

墨西哥渔民更熟悉来自更温暖的加利福尼亚湾水域的洪堡鱿鱼，他们在谈到饥饿的巨型鱿鱼时充满敬意，几乎是把渔获输给洪堡鱿鱼当作一种荣誉。这些鱿鱼有时会贪吃到吞食同类。研究搁浅或刚捕到的洪堡鱿鱼的胃内容物显示了同类相食的现象，尽管通常很难识别任何残留。与其他鱿鱼一样，洪堡鱿鱼在其舌头和咽部有"齿舌状"牙齿，用来在食物进入消化道前把食物撕开并碾碎。

洪堡鱿鱼也赢得了水下摄影师的尊敬。亚历克斯·基尔斯蒂

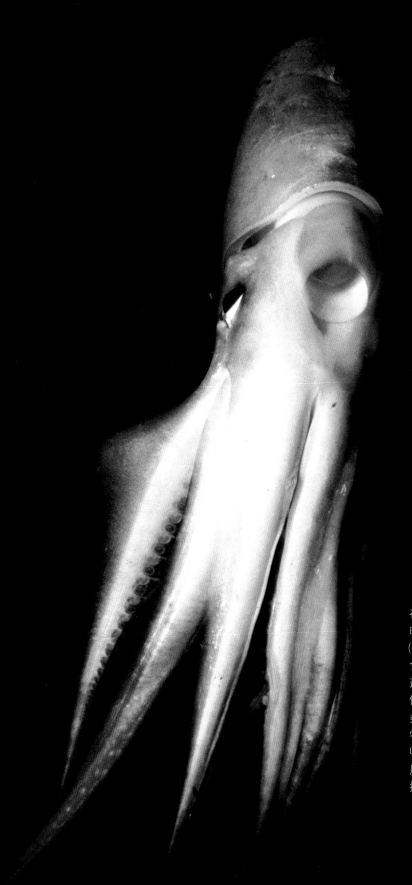

在加利福尼亚湾的夜晚，一条洪堡鱿鱼（美洲大赤鱿）为觅食而向着海面喷射前进。虾、灯笼鱼、软体动物和其他头足类动物都是它的食物。洪堡鱿鱼用它的吸盘捕捉猎物，然后用它强有力的喙将其撕碎。

> 水中的血腥味使它们疯狂……三条大鱿鱼同时抓住了
> 亚历克斯。突然，他感到自己的身体在被向后和向下
> 猛拽。一条触腕绕过他的脖子，扯下了他戴的前哥伦布
> 时期的金吊坠。

奇（Alex Kerstitch）和霍华德·霍尔（Howard Hall）曾经在加利福尼亚湾与洪堡鱿鱼进行过一次夜潜。1991 年，霍尔在《海洋领域》（*Ocean Realm*）杂志上写道，他的潜水伙伴"被一条鱿鱼抢劫了"。事实上，是几条洪堡鱿鱼。霍尔和基尔斯蒂奇正在水下 9 米深的地方看着一条长尾鲨被上面的渔线拉过来，这时杀出一群 1.5 米长的洪堡鱿鱼，快速地频频闪光，从鲜红到象牙白交替变幻。它们是来袭击鲨鱼的，而基尔斯蒂奇恰好挡着道。"水中的血腥味使它们疯狂……三条大鱿鱼同时抓住了亚历克斯。突然，他感到自己的身体在被向后和向下猛拽。一条触腕绕过他的脖子，扯下了他戴的前哥伦布时期的金吊坠和链子，同时也撕裂了脖子上的皮肤。另一条鱿鱼把他的减压电脑从压力表上扯了下来。不同的触腕又从他的手腕上扯下了潜水灯，从他的腰间扯下了收集袋。然后，就像抓住他一样突然地，这些鱿鱼消失得无影无踪。"

洪堡鱿鱼在遇到潜水员、水下摄影师、渔民、水手和研究人员时表现出的自信使它颇有海怪的气派。鱿鱼科学家克莱德·罗珀有一次被咬了一口，这一下就刺破了他的潜水服和大腿内侧，离股动脉只差几厘米。潜水员和水下摄影师斯科特·卡塞尔（Scott Cassell）多年来一直在拍摄洪堡鱿鱼，每当他在水中与它们接触时，都会穿上特殊的防护服。另一方面，斯坦福大学的比尔·吉利（Bill Gilly）曾在没有任何保护措施的情况下与这些鱿鱼一起潜水，从未出现过问题。

虽然洪堡鱿鱼攻击的故事不时出现在小报上，但没有证据表明任何鱿鱼物种将人类视为潜在的猎物。大多数大型鱿鱼都是深潜者，生活在远离人类潜水员探险的地方。最接近潜在危险的可能是

遇到洪堡鱿鱼，主要因为它们可以在一个地方大量聚集，试图同时进食。与显然是单独狩猎的大王鱿不同，洪堡鱿鱼成群结队地活动和捕猎，有时简直像整个舰队出动。想象一下，塞伦盖蒂平原上到处是捕食者狮子和鬣狗而不是瞪羚，会是怎样的场面。这种大规模集群的本能大概造成了鱿鱼在某些圈子中令人生畏的名声。看到一条鱿鱼也许会令人感到惊奇，但看到40或50甚至500条极度活跃的鱿鱼，其中一些还射出水面，则完全是另一回事。大量洪堡鱿鱼在游动中高速地相互穿插，制造的主要问题是交通管理问题。在这样的"出行高峰"中游泳，一个爱冒险的潜水员可能很容易陷入一场洪堡鱿鱼的"塞车"。令人惊讶的是，没有更多的潜水员因此遭受伤亡。

无论在哪个食物金字塔中，几乎所有的鱿鱼都是贪婪的捕食者。它们的新陈代谢速度使这成为必然。然而，所有的鱿鱼也都是猎物，总要努力避免被吃掉。这两个因素决定了鱿鱼的大部分生活方式。

鱿鱼捕食者包括大多数海豚和其他齿鲸、海豹、海狮、各种鲨鱼，以及许多大型鱼类，如枪鱼、剑鱼和金枪鱼。它们都依赖某些鱿鱼物种，并可能有专门适应于此的牙齿、狩猎或摄食方法，以及由它们对鱿鱼的口味所决定的栖息地偏好。太平洋的剑鱼满腹都是洪堡鱿鱼。侏抹香鲸和小抹香鲸都与抹香鲸有关，是海豚大小的鲸鱼，专以小鱿鱼为食。抹香鲸吃一些鱿鱼物种，但是如果没有大王鱿，它还会有那么大的体型、那么喜欢群居、潜得那么深吗？（抹香鲸社会群体的其他成员会在母亲深潜捕食鱿鱼时在水面附近照看幼鲸。）

鱿鱼是如何努力避免被捕食的呢？除了它们的智商、敏锐的视力以及快速反应和快速移动的能力外，它们还利用发光器来惊吓和迷惑潜在的捕食者。在深处，它们附肢上吸盘的吸力相当惊人，有些吸盘还附有坚硬的锯齿环以增加抓力。某些小型鱿鱼物种甚至有时会跳出水面，产生被称为"飞鱿鱼"的现象。洪堡鱿鱼有时也会飞，虽然身体很重，也缺乏符合空气动力学的形体设计，但它们用强大的推进力弥补了这些不足。不止一个墨西哥渔民遇到过洪堡鱿鱼夜间飞到自己船上的事，只见鱿鱼发光器的红光和白光交替闪烁，触腕本能地四处乱抓，睁圆的眼睛大如碟子。

◆

大型鲨鱼（二）

肉食者

它们被称为"野蛮杀手""海洋刺客""无脑杀人嘴"，最有名的是被作家彼得·本奇利称为"完美进化的摄食机器"。鲨鱼很难让人们忘记这些绰号，更不用说幸免于其后果了，而它们典型的捕食行为，如我们所知，似乎只是加强了这种印象。鲨鱼是海洋中的顶级猎手之一，很少有其他动物在寻找、追踪、抓捕和吞食猎物等各方面都装备如此精良。

鲨鱼可以探测到来自受伤动物、被风和洋流带出数千米远并扩散的"气味走廊"。一旦闻到气味，它就会迅速拉近距离，然后环绕查看，锁定但尽量不惊动猎物。它永远警惕的两只大眼睛似乎不会错过任何东西。鲨鱼还能探测到猎物在近距离内产生的生物电刺激，即使猎物埋在沙子里，这使潜在的猎物几乎不可能逃脱它的注意。猎物的任何恐慌迹象都会猛烈刺激鲨鱼的电感应以及视觉和嗅觉，给它们瞬间招来杀身之祸。最后的时刻也同样可怕，随着鲨鱼硕大的牙齿合拢，猎物成为一顿便利快餐。

我们首先考虑一下鲨鱼的视觉。眼睛位于头部两侧使鲨鱼可以看到除正前方和正后方以外的任何地方。它有高度发达的虹膜和瞳孔，瞳孔在需要时可以扩张，让更多光线进入。最厉害的是，鲨鱼可以利用视杆细胞来适应微光，提供基本视觉，尽管它看清细节的能力可能很差，而且看不到颜色。视网膜后面的绒毡层，或称反光

一条短尾真鲨（*Carcharhinus brachyurus*）在一只南非海狗旁边摄食。短尾真鲨捕食多种鱿鱼、章鱼和鳐鱼，以及各种底层和中层水域的鱼类。它被认为是对人类有危险的八个主要鲨鱼物种之一。

色素层，作为一种光电倍增器，将透过视网膜的低水平光线反射到光接受器上，并大大增加其亮度。这有助于鲨鱼在昏暗的深海和夜间摄食。

接下来看鲨鱼的嗅觉。鲨鱼大脑的很大一部分用于处理嗅觉，嗅球和嗅叶在鲨鱼身上很明显。嗅囊位于吻部下端，口上方，被鼻瓣覆盖。鼻瓣将水引导入囊室，与布满感受细胞的嗅片接触。鲨鱼已被证实会对水中仅有的十亿分之一的物质作出反应。

鲨鱼还有一种神秘的感觉，即它的电感应系统。鲨鱼每只眼睛下面的皮肤上的小孔通向三到五个像葡萄串一样的所谓的洛伦兹尼腹壶，一种电感应器官，使鲨鱼能够在其皮肤的不同部位感知其他生物发出的电压。所有的生物体都有电场，虽然通常很弱，但鲨鱼可以在近距离内感觉到。鱼群的生物电场可能延伸不到 30 厘米，而人类和较大生物体产生的电场可能会延伸得稍远一些。鲨鱼可以探测到低至十亿分之五伏特的电压梯度。

一些本身可能也是猎物的小型鲨鱼可以利用它们的电感应系统逃避捕食者，而鲨鱼的近亲魟鱼则以其对电的利用和"误用"闻名。一些魟鱼产生的强电场和电信号使潜在的配偶能够被"发现"，即使它埋在沙子里。如果偶然被撞上或踩到，这些特殊的魟鱼就会给粗心大意的猎物或人类游泳者相当疼痛的一击。

鲨鱼用来探测潜在猎物在水中细微动作的另一种方法是它的"侧线"器官，这是紧靠它表皮下面的一系列窝器，或者说感觉毛细胞群。这些器官位于头部周围，并沿其身体上胁，即两肩，从身体两侧直到尾部排成一线。魟鱼的话，人们认为沿其尾部延伸的器官使魟鱼能够探测到从背后接近它的捕食性鲨鱼。

鲨鱼皮肤下面的神经末梢网络使其拥有极其敏锐的触觉，这可以帮助鲨鱼判断猎物的体力和健康。即便是使鲨鱼的弹性皮肤凹陷万分之二十厘米的轻微触碰也能被察觉。

鲨鱼的听力也很灵敏，能使它警觉到积极游动，特别是在挣扎的猎物。它的听觉与鲸鱼和海豚的大致相似，一般认为声压波从它的头部进入并传导到内耳，让鲨鱼捕捉到声音。

低鳍真鲨（Carcharhinus leucas），又称牛鲨，是已知对人类有危险的八种鲨鱼之一，通常单独行动，但也可能聚集在食物丰富的区域，如照片中显示的巴哈马群岛。虽然牛鲨有时会进入河流和内陆湖泊——人们曾发现一条在亚马孙河上游 3 700 千米处生活的个体——但它通常会回到海洋中去繁殖。

配备这套感觉系统的鲨鱼似乎目前在捕食方面极具优势，而且在进化史的很长一段时间里都是如此。鲨鱼的古老祖先在 4 亿年或更久之前就在世界海洋中游弋，比恐龙早了近 2 亿年。到了恐龙时代，所谓的弓鲨成为海洋捕食者中的霸主，正是这些鲨鱼深入世界海洋每个角落并多元分化产生了大多数现代鲨鱼物种。从那时起，鲨鱼就在世界海洋的生态系统中发挥着主导作用。

还有一个不可忽略的因素是牙齿。鲨鱼的牙齿最初是皮肤组织，后来进化出了包裹它的釉质牙冠。一些鲨鱼的牙齿锋利如刀刃，另一些则有粉碎性的力度。所有鲨鱼的一个共同特点是，它们会不断换牙。事实上，鲨鱼牙齿更换得太有规律，被人们称为"传送带"。白鲨冲撞水下笼子，密集的巨齿雨点般落向潜水员的景象几乎已经成为电视中常见的鲨鱼画面。它们是被水中血和内脏混合的鱼饵引诱到笼子里的，这种诱饵即使不引起真正的捕食行为，也会刺激它们的胃口。对鲨鱼而言，牙齿的脱落和更换是一个自然过程。在前排牙齿的后面，一排排新的牙齿形成，并随着它们的发育逐渐前移，取代已经磨损或脱落的旧牙齿。这就是鲨鱼的传送带。不同物种的牙齿大不相同，许多动物的牙齿揭示了它们的饮食偏好，往往是一个物种及其进化史的关键鉴别标志。此外，鲨鱼的体表覆盖着盾鳞，即细小的齿状鳞片，厚度不超过人类的一根头发的粗细。这些鳞片都指向尾部，这可以使经过体表的水流更加顺滑，从而减少水对鲨鱼的阻力。

最后，各种鲨鱼还有奥运水平的运动能力。有人拍摄到长尾鲨以高达每小时 80 千米的速度冲向沙丁鱼群，将长尾甩过头顶，打晕或杀死沿途中在劫难逃的沙丁鱼。在长途旅行方面，2004 年初，一条名叫妮可的年轻雌性白鲨在南非甘斯拜附近被标记 3 个月之后又在西澳大利亚浮出水面，震惊了海洋生物学家。妮可随即掉头，到 8 月时完成了 20 000 千米的往返旅程，途中创造了长距离的速度纪录。

大约 350 种现存鲨鱼分为 8 个不同的目，其中大多数都是肉食性的，也是机会主义的食腐者，但只有少数是抢占头条的大型掠食者。鲨鱼与魟鱼一起构成了板鳃亚纲（那些有板状鳃的鱼类），板鳃亚纲属于更大的软骨鱼纲。软骨鱼的骨架主要是软骨而不是钙化的骨头。除了传送带式的牙齿，软骨鱼还有一个"浮动"的上颌，它不是牢牢地固定在头骨上，而是由韧带悬挂着。它们的头部两侧各有 5 到 7 个外部鳃裂，还有称为盾鳞的板状皮肤鳞片。

一条典型的成年鲨鱼身长 1～3 米，以鱼类为食，包括其他鲨鱼，有时甚至是自己的同种。它的食物偏好和摄食习惯取决于该物种的生境，包括它在海中的栖息地地点和范围。根据捕猎策略可将鲨鱼划分为三种主要类型：追捕型、伏击型和底部觅食型。无论是哪种，典型的鲨鱼一般都对人类潜水员和游泳者没有什么兴趣，除非它的好奇心或食欲被意外或故意地刺激了。仅仅是那些例外情况，使得鲨鱼声名狼藉。那些上头条新闻的恶棍都是大型肉食性鲨鱼，其中包括所谓的真鲨科以及白鲨，身长可达 6.5 米。

可以说，真正危险的攻击人类的鲨鱼只有 8 种：白鲨、短尾真鲨、牛鲨、灰真鲨、虎鲨、大锤头鲨、长鳍真鲨（远洋白鳍鲨）和灰鲭鲨（短鳍鲭鲨）。另有 8 种鲨鱼，如果被刺激、踩到或逼入困境也会很危险：饰纹须鲨、叶须鲨、加勒比礁鲨、蓝鲨、白鳍礁鲨、格陵兰鲨、扁头哈那鲨（宽鼻七鳃鲨）和锥齿鲨（沙虎鲨）（*Carcharias taurus*）。然而，在这个"如果被刺激就危险"的鲨鱼物种名单上，大约有一半从未有攻击人的记录。最危险的是像白鲨那样的鲨鱼，其猎物（海豹、象海豹、海狮）在体型大小和活动地点（近海水域）上与人类大致相似，以及远洋白鳍鲨那样的鲨鱼，它们的栖息地在开阔海域意味着它们一定不挑食。一些鲨鱼对人类的攻击可能是因为"识别错误"，因为尽管在先进感官设备帮助下，鲨鱼可能对什么是或不是人类有很好的判断，但当人类潜水员在海豹群附近的昏暗水域潜水时，他们就可能成为猎物。

除了像鲨鱼的猎物或处于开阔海域鲨鱼多的地方之外，以下情况也会激发鲨鱼的水中捕食行为：

- 裸露的伤口，尤其是正在流血的伤口；
- 发亮的设备、衣服或闪光的珠宝，这可能会看起来像鱼鳞；

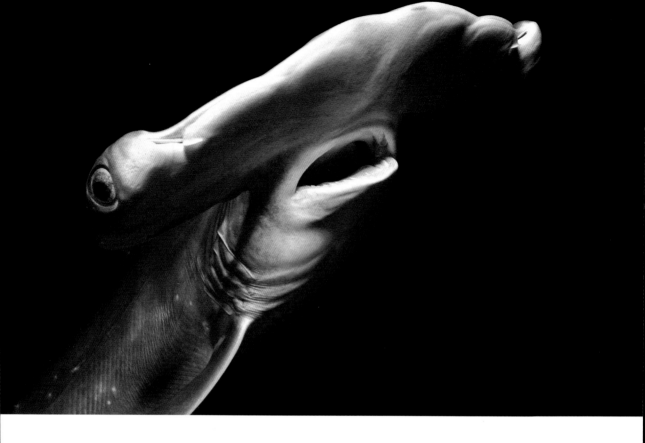

双髻鲨（亦称锤头鲨）的特点是有一个扁平、锤子状的头部，被称为"头翼"，这可能是为了帮助视觉而进化出来的。双髻鲨属于双髻鲨科（Sphyrinidae），这一科包括11个物种。大多数双髻鲨对人类不构成威胁。在夏威夷本土文化中，双髻鲨被认为是人类的守护神"奥玛酷"之一，而不是食人鱼。

- 航海、冲浪或在海上进行其他活动时掉入水中，使鲨鱼受惊；

- 反常、古怪或惊慌的游泳行为，包括看到鲨鱼时拍打得水花四溅和不明智的疯狂逃跑。

上述许多大型鲨鱼都在海洋的最上层活动，从沿海到外海或远洋，这就是为什么它们偶尔会对人类产生危险。第二次世界大战期间，在太平洋战区的船只被鱼雷击中后，许多漂流或游泳逃命的伤员被认为葬身于远洋白鳍鲨之口了。

其他鲨鱼，包括许多小型物种，生活在海洋的深层。其中最大型和最具有潜在危险的是游弋在北大西洋寒冷深海中的格陵兰鲨。所幸人类根本没有在格陵兰岛附近潜入550米深水的习惯。

在食物链上上升了两三大级的大型海洋食肉动物似乎与桡足类

和其他浮游动物相距甚远，尽管它们吞食的许多动物都依赖桡足类为生。然而，如果有一份无处不在的桡足类动物 1 001 种用途的怪异目录，我们就会发现，格陵兰鲨实际上与之有一种密切的关系。

　　一种微小的桡足类动物附着在格陵兰鲨的眼角膜上，并发展出一种似乎是共生的关系。格陵兰鲨是睡鲨的一种，行动缓慢，体长可达 6.5 米，生活在水面下 550 米或更深的地方。在这些黑暗的水域中，它们眼睛上的桡足类动物发出亮光，可以吸引一些鲨鱼的猎物，从好奇的深潜海豹到各种各样的底栖鱼类。虽然鲨鱼可能看似在睡觉，但它仍然保持着警觉，时刻都在注意潜在的猎物，时机一到就抓住它们。

格陵兰鲨的身长可达 6 米，生活在北大西洋和北冰洋，曾被发现潜到 2.2 千米深的地方。这种大型鲨鱼属于低调的睡鲨，以其巨大的肝脏而闻名，这种肝脏已被证明会吸引东北太平洋的近海虎鲸。5 厘米的寄生桡足类动物 *Ommatokoita elongata*[①] 经常附着在格陵兰鲨单眼或双眼的角膜上。

---

① 　一种桡足类动物。——译者注

> 正如人类所熟知的，最激烈的竞争通常是在自己物种的成员之间，这是因为它们对食物、空间、水和其他必需品有相同的需求。这也许可以解释鲨鱼中偶尔出现的同类相食现象，以及那些食物金字塔顶端动物的广泛习惯。

最近关于格陵兰鲨繁殖行为的线索显示，雌鲨每胎大约生 10 条幼鲨。作为一种卵黄囊胎生鲨鱼，雌性在体内孵化鱼卵，幼鱼孵出后作为发育完全的幼体被生下。大多数鲨鱼物种都是卵黄囊胎生的，也有些是胎生——胚胎在雌性体内发育，但不在卵壳内。这两种生育方式都以低出生率为特征，更接近鲸鱼和其他哺乳动物，而不像大多数一次通常能产卵数千枚的鱼类。交配通常发生在每年的一个特定季节或时期。雄鲨把它的鳍脚插入雌鲨的泄殖腔，将精子推入雌鲨体内深处。根据物种的不同，妊娠期可以从 3 个月到 2 年不等。某些鲨鱼在人们心目中的传奇地位和骇人形象部分来自它们的一些怪异特性，例如，最先孵化出来的锥齿鲨会在母亲子宫内吃掉它更幼小的兄弟姐妹以及母亲持续产生的未受精卵。这是达到极端的同胞竞争。

正如人类所熟知的，最激烈的竞争通常是在自己物种的成员之间，这是因为它们对食物、空间、水和其他必需品有相同的需求。这也许可以解释鲨鱼中偶尔出现的同类相食现象，以及那些食物金字塔顶端动物的广泛习惯。

在一个典型生态系统的典型食物金字塔中，初级或基础层级的个体数量最多，而顶级最少。鲨鱼的大多数物种都接近或处于顶级，它们也遵循这一规律。顶级捕食者经过进化的磨炼和修正，有内在的生物控制，这有助于防止它们的数量变得过多而导致其环境中食物不足。鲨鱼比其他鱼类或较小的生物体生育更少的后代，并倾向于有更大的领地，或者说家庭范围。它们在觅食时必须游得更远，而如果它们能有效地阻挡或避免竞争者——包括亲缘物种和其他顶级捕食者——那么它们就能确保自己和后代的生存。

然而，所有这些肉食性的顶级捕食者鲨鱼，与某种已灭绝的亲戚相比都是小巫见大巫，那就是经常被简称为巨鲨的史前巨齿鲨（*Otodus megalodon*）。它与白鲨同属鼠鲨科（Lamnidae）。Megalodon 一词的意思就是"大牙"。迄今为止发现的最大的巨齿鲨牙齿近 20 厘米长，而白鲨的牙齿只有 7.6 厘米。

在海床上还能找到这些巨大的牙齿化石，它们是这种庞然大物的全部遗迹了。它的实际身体尺寸只是猜测，可能长达 18 米，而保守估计的最大值是 16 米，重约 22 700 千克——数倍于白鲨。它们的牙齿被发现于 250 万至 2 300 万年前的化石中，尽管巨鲨爱好者有时不切实际地猜测出更近的可能日期。作为截至目前所知最大的鲨鱼，巨鲨很可能是终极的、壮观的、真正有威胁的海洋怪物。遗憾的是，它已不复存在。

◆

虎鲸与鲨鱼的较量

较量的双方，一边是一条 3～4 米的白鲨，与该物种在这一区域已知的最大长度 6 米相比，它很小，但装备精良，大约 3 000 颗锐利的牙齿排列成几排，随着前排牙齿的断裂，后排牙齿会前移补上。另一边是一头 4.5～5 米的雌性虎鲸，看起来光鲜优美，似乎谈不上危险。它很少张嘴，但当它张嘴时，会露出多达 48 颗的香蕉大小的交错的牙齿。

1997 年 10 月 4 日正午时分，海洋协会的观鲸船"新超级鱼号"正在旧金山附近的费拉隆群岛东南海域行使，这时一条白鲨出现在船旁。白鲨在这一带很常见，研究人员已经根据它们身上的天然标记识别了约 35 条不同个体。它们通常待在水柱的深处，一旦有任何惊慌或受伤的加利福尼亚海狮、北方海象或其他鳍足类动物的迹象，就会浮上水面。

这场对决中的虎鲸属于已知经常光顾南加州水域的一个鲸群，摄影师兼研究人员阿丽莎·舒尔曼-贾尼格（Alisa Schulman-Janiger）称其为"洛杉矶鲸群"。从 1982 年至 1997 年，当该鲸群频繁出现在洛杉矶海滨时，舒尔曼-贾尼格对其进行了集中跟踪。这群虎鲸在费拉隆群岛一带并不常见，那里是白鲨的主要领地。人们从照片中认出这头雌鲸是 CA2，它正在与另一头雌鲸同行，即经常陪伴它的 CA6。该鲸群偶尔会以海洋哺乳动物为食，而就在大约 1 小时前，有人看到 CA2 和 CA6 在吃一只成年雄性加利福尼亚海狮，那正是一种白鲨也喜欢的食物。

理论上，虎鲸似乎会对"大白鲨"敬而远之，免得蹭到它粗糙

一条白鲨在墨西哥瓜达卢佩岛附近游泳，这里是它捕食海豹和海狮的主要猎场。白鲨可能是最令人恐惧的鲨鱼，生长缓慢（平均 17 岁时成熟），且寿命很长（至少到 30 岁）。它被生态环保人士归为易危物种。

被称为"洛杉矶鲸群"的虎鲸群成员在1982年到1997年间是南加利福尼亚州的常客。让该鲸群名声大噪的是有一次当它们游至更北边旧金山附近的费拉隆群岛时，其中一头成年雌性虎鲸CA2与一条常驻当地的白鲨进行了一场决战。

的皮肤或被那一口3000颗的牙齿咬到。现在有两头雌性虎鲸，只有一条鲨鱼，虽然是典型的二比一，但只有一头虎鲸对鲨鱼表现出了兴趣。

人们已知白鲨会捕食大型鲸鱼，如长须鲸和抹香鲸，以及宽吻海豚和其他海豚，但还没有白鲨和虎鲸动武的记录。直到这一次。

虎鲸对阵白鲨会是一场海洋中捕食者与猎物之间的终极较量吗？哪一个是捕食者，哪一个是猎物呢？

观鲸导游玛丽·简·施拉姆（Mary Jane Schramm）和卡罗尔·凯珀（Carol Keiper）从船上目睹了随之而来的遭遇和结果。几乎瞬间就分出了胜负，只见雌虎鲸叼着鲨鱼的背部迅速浮出了水面。它把鲨鱼头朝下摁在水里，让它动弹不得，也许是为了使其窒息，高擎着这个战利品在水上游动。没有咬伤，也没有血迹。虎鲸很可能在水下狠狠撞昏了鲨鱼，然后把它毫无生气的身体向上推出了水面。这一切发生得太快，使鲨鱼根本没有时间对它可能收到的任何电信号做出反应。就这样，有史以来第一次记录在案的虎鲸和白鲨之战结束了，胜利者是一头来自洛杉矶鲸群的雌性虎鲸，而杀戮现场离《大白鲨》神话的原点好莱坞只有几百千米。

最初的杀戮发生后约18分钟，雷斯角鸟类观测站的彼得·派尔（Peter Pyle）带着摄像机乘坐一艘波士顿游钓艇来到现场，拍摄了一段视频。据最新统计，已有超过2300万人在国外某知名视频网站上观看过这段视频。派尔拍下了雌虎鲸将鲨鱼叼在嘴里的情景。5分钟后，当鲨鱼的一大部分肝脏与剩余尸体分离时，CA2终于松口，直奔肝脏。派尔观察到CA2的喙已被磨破并染上了血迹。

在费拉隆群岛东南附近发生虎鲸吃鲨鱼事件后，几乎所有的

30 多条当地常驻鲨鱼在秋季月份剩下的时间里都离开了那片海域。在此期间，洛杉矶鲸群又到过那里几次，但没有再杀死鲨鱼。然而，自 1997 年以来，洛杉矶鲸群本身也已经消失了。这些鲸鱼可能回到了墨西哥水域，但没有任何目击报告。

在南非的甘斯拜和福尔斯湾，从 2017 年到 2020 年至少有 6 条白鲨死亡，这使人们认为在那里捕猎白鲨的虎鲸是这些地区鲨鱼几乎消失的原因。英格丽德·维瑟（Ingrid Visser）、达格玛·费特尔（Dagmar Fertl）和其他人记录了虎鲸的猎物，包括姥鲨、蓝鲨、翅鲨和灰鲭鲨；维瑟和同事们曾在新西兰水域观察到灰鲭鲨，一个已知的新西兰当地虎鲸群正在攻击它们。那些鲨鱼似乎不仅试图躲在研究人员的船周围，而且还想躲在正在水中目睹一切的维瑟周围。

在北太平洋东部，虎鲸可能是鲨鱼专家。处于被称为“近海型”生态中的虎鲸整天在大陆架上游弋，长期以来一直被怀疑为鲨鱼猎手。研究人员约翰·福特（John Ford）、格雷姆·埃利斯（Graeme Ellis）等人获得并分析了近海虎鲸的活检，他们指出，脂肪酸、持久性有机污染物和稳定的同位素都表明它们的食物是食物链中处于高位的一些长寿鱼类。在偶尔被发现搁浅的近海虎鲸中，研究人员惊讶地看到一些尸体上严重的牙齿磨损，其中牙釉质被磨损到了牙龈线，暴露出牙髓腔，而这可能是粗糙的鲨鱼皮肤造成的。

福特和埃利斯于 2008 年和 2009 年在不列颠哥伦比亚省附近的大陆架上观察了这些近海虎鲸。鲸鱼在海面上留下了大量的肝脏油渍，这使研究人员相信它们是捕鲨专家。在杀戮现场收集的组织样本 DNA 分析指向了长达 2 米的太平洋睡鲨（*Somniosus pacificus*）。

近海虎鲸喜欢的区域也为大量蓝鲨、鼠鲨以及较小的狗鲨提供了良好的环境。虎鲸偏爱鲨鱼肝脏，这是海洋中脂肪和油最集中的来源之一。一些大型鲨鱼物种的巨大肝脏是它们广泛捕食海洋哺乳动物的结果。最近，人们发现肝脏有助于增强鲨鱼的浮力，对于鲨鱼穿越营养贫乏水域的长途迁徙也是必不可少的，例如白鲨在南大洋的 20 000 千米的往返行程。因此，肝脏可能占据其身体达 80% 的鲨鱼物种成为一种挑食生态型的虎鲸——近海虎鲸的基本食物。

◆

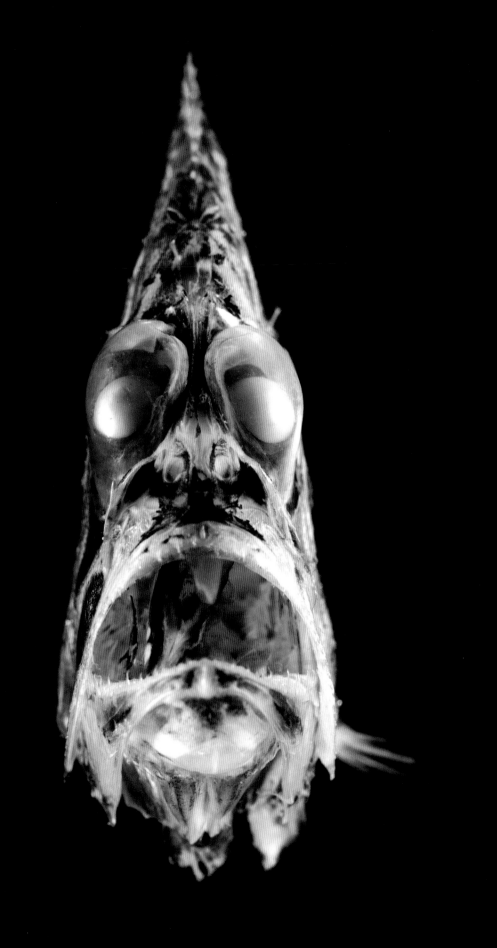

深海看龙鱼

还有一种生活在海中的捕食者，富于攻击性而且极为贪吃，但它既不是鲨鱼，也不是鱿鱼，甚至不是虎鲸。事实上，我们必须注意一个不那么出名的深海鱼群，其个体的长度从不到 2 厘米到大约 50 厘米不等。让我们来认识一下被称为"巨口鱼目"的鱼种：龙鱼。

龙鱼群体中迄今已知有超过 410 个的物种，分为四五个科，它们的各种俗名揭示了其凶猛、食肉的本性。除了各种龙鱼——龙鱼是整个目的名称——还有蝰鱼、斧鱼、暴牙鱼和软颌鱼，但这些物种中有许多没有俗名，因为它们不常见，甚至很罕见。这些鱼生活在中到深层水域，因此很少被海员、渔民或其他会给它们起俗名的人遇到。这是件幸事，因为与龙鱼的偶遇必会引起它对潜水员的脚或渔民的手发动攻击，就算不致命也一定很痛苦。一条 50 厘米的鱼能吞下人身体的多少还不确定，但肯定足以造成很大伤害。罕见的人们看到龙鱼的情况是当它们被拉上水面、已经死亡时，急剧的压力变化会使其身体扭曲变形。

神秘的龙鱼身体很长，颜色偏深，不是像鲨鱼或大王鱿那样高调的捕食者，但对于人们起的那些俗名，它们是当之无愧的。虽然龙鱼不喷火，但它们有许多闪亮的发光器来吸引或照亮猎物、迷惑潜在的捕食者，并与同类其他成员交流。龙鱼无所不食，甚至能吃比自己大的动物。绞合齿和可以急剧扩张的特殊上下颌协作使龙鱼能够完成这样的壮举。

斧鱼是这一目的一个分支，但它们实际上只有很小的牙齿，似

长银斧鱼（*Argyropelecus affinis*）每晚从 300 ～ 640 米的深度上游到较浅水域捕捉浮游生物。它巨大的眼睛是对暮色的一种适应。沿着它身体底部的发光器发出蓝光，其波长是潜伏在下面的捕食者看不到的。

乎主要以浮游生物为食。它们进行垂直迁徙，在夜晚光线变暗时上游到较浅的水域觅食，并在白天返回深海。但斧鱼的低调存在是这一目的鱼类中的例外。最常见和最著名的龙鱼是典型的大齿捕食者，捕食鱼类、鱿鱼、甲壳类和任何在攻击范围内的东西。它们待在深海，等待斧鱼和其他迁徙鱼类在一夜的摄食后返回，送上门成为其丰盛的早餐，让它们大饱口福。

龙鱼的牙齿看起来像碎玻璃片。在一些物种中，下牙向上延伸并超过头部本身，而在另一些物种中，深槽从上颚沿大脑两侧进入头部，下牙就插在深槽之中。这样的牙齿并不碍事，它们已经进化到可以一口咬住并牢牢地锁死猎物。这样的设计也是为了使龙鱼能完全张开嘴，擒住比自己大的猎物。一旦猎物入口，它就可以放低胸鳍的内部骨架，使猎物能够进入食道。龙鱼胃部的肌肉极为发达，可以根据需要扩张。在一些软颌鱼物种中，嘴是无底的，为了方便吃大鱼，当猎物安全进嘴之后，下颌与鳃篮之间带组织的肌肉柱会收缩，把嘴合拢。

龙鱼通过黑色的胃壁在消化过程中把猎物的发光器安全隐藏起来，这可以避免自己被捕食。它们一直待在深海，在那里大多数捕食者要么看不到它们，要么会被龙鱼自己的发光器所迷惑。

许多龙鱼都长有一根标志性触须，从下颌向下延伸，可以由下颌后面的肌肉控制。触须通常是生物发光的，有几种可能的功用。它可以使龙鱼看起来更大或伪装它所处的位置，以此迷惑潜在的捕食者。此外，它或许能使龙鱼之间相互交流。但触须的主要功能是可以用作"鱼竿"，吸引好奇的猎物前来查看，却发现竟然是一口难以逃脱的利齿。在某些物种中，为了欺骗毫无戒心的鱼儿，这种诱饵甚至模仿对这些鱼有吸引力的食物。

有些龙鱼喜欢啃食靠近食物金字塔底部的美味小食。尽管黑柔骨鱼（*Malacosteus niger*）配备有海洋中层带常见的某种尖针牙和活动下颌，但有证据表明桡足类可能是它的主要食物。或许它食用更大的猎物来补充营养，又或许大牙齿只是它早期进化史上一般的饮食习惯留下的。但是，这种龙鱼的食谱中包括桡足类可能不仅仅

黑柔骨鱼（俗称"北方交通灯鱼"）生活在海洋中层带的"红灯区"，那里只有某些鱼能发出和看到红光。利用它的红光，黑柔骨鱼可以照见猎物而不向任何竞争的捕食者暴露自己的存在。甚至猎物也不会意识到自己被照亮了。

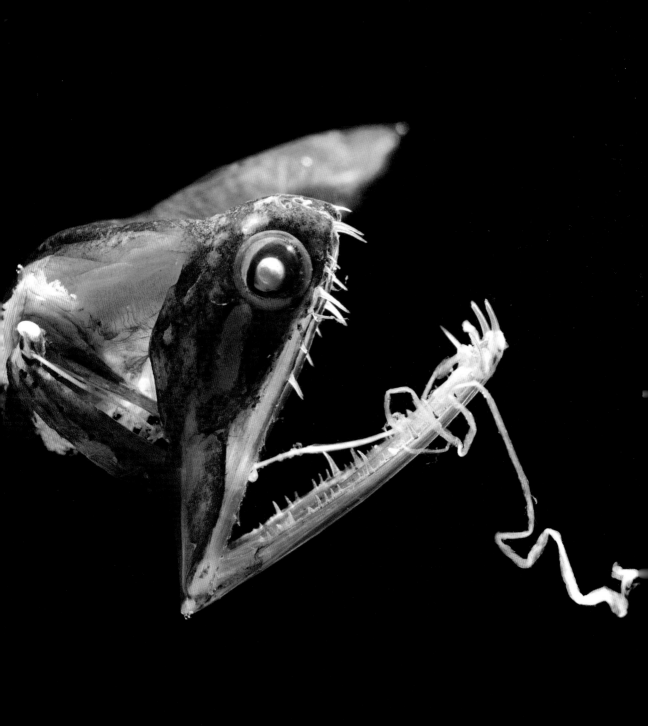

大眼黑巨口鱼
（*Melanostomias
melanops*）在每只
眼睛下面和沿着其细
长身体的下部都有发
光器官，它利用其肥
厚的生物发光触须来
引诱猎物靠近。这条
鱼有30厘米长，被
发现于佛得角群岛附
近2 000米深处。

是为获取其食物价值。

　　1998年发表的龙鱼视觉研究部分地揭示了龙鱼对桡足类有胃
口的可能的原因。英国伦敦城市大学和布里斯托大学的研究人员
罗恩·道格拉斯（Ron Douglas）、朱利安·C. 帕特里奇（Julian C.
Partridge）等人发现，龙鱼从它的桡足类食物中获取并使用叶绿
素，而桡足类的食物浮游植物中包括有叶绿素的细菌。没有任何已
知的动物可以合成叶绿素——那是植物的工作——但龙鱼的视网膜
上有大量叶绿素衍生物，被龙鱼用于光合作用，这对它的红色视觉
能力至关重要。龙鱼以某种人们尚不确定的方式将叶绿素纳入其视
网膜。

　　在早期的工作中，道格拉斯和帕特里奇确定黑柔骨鱼和其他两

一般认为，这些龙鱼利用红光作为它们的监视和交流系统。因此，它们可以在不被猎物看到的情况下照亮猎物，并且可以通过闪烁它们的红光来相互传递信号，而所有其他生物是看不到的。

种龙鱼能在海洋中层带深处产生并看到红光，而那里被认为只存在蓝光。这些鱼的头上有两套发光器官。两只眼睛后面的一对发光器官发出寻常的蓝绿光，就像其他鱼类一样，而每只眼睛下面也都有一个光器官，则发出光谱中的红光。一般认为，这些龙鱼利用红光作为它们的监视和交流系统。因此，它们可以在不被猎物看到的情况下照亮猎物，并且可以通过闪烁它们的红光来相互传递信号，而所有其他生物是看不到的。人类只能勉强看到深海龙鱼中奇巨口鱼属（*Aristostomias*）和厚巨口鱼属（*Pachystomias*）产生的红光，但黑柔骨鱼的红色狩猎探照灯光在红色光谱中非常远的位置，只有使用特殊的科学仪器，或者是另一条龙鱼，才能看到。欢迎来到红灯区。

龙鱼利用叶绿素的故事表明，在很深的水中，你看不到食物，因此你可能不得不精心挑选你的食物——吃一些可以帮助你看清周围的东西。

◆

食物网

磷虾是全球食物链中最重要、最基本的组成部分之一。于是，一个更大的故事开始浮现。桡足类和食浮游生物的鲨鱼有时会在战场上相遇，并肩摄食。更多时候，桡足类动物会被大型鲨鱼吞掉。姥鲨可没时间对它们晚餐中混入的零星桡足类挑剔太多。水母也不挑食，它们只能等待粗心大意的家伙送上门。不太挑剔的鱼类，也就是那些对于刚好游过或能抓到的大小合适者一概通吃的鱼，其幼体常常因浮游生物的激增而茁壮成长。不过，这些鱼变得肥美之后，当然会被肉食性鲨鱼和大王鱿盯上。抹香鲸吃的是鱿鱼和某些鱼，而虎鲸，根据其生态型，会分别偏好长肥的鱼、鱿鱼、鲨鱼，包括白鲨，甚至更大的蓝鲸、抹香鲸和其他鲸鱼。龙鱼主要吃它们能获得的任何东西，不管是游过的还是漂落到中深层水域的。

在远洋带中，故事的细节有所不同。虽然磷虾指的是为鱼类、鱿鱼、栉水母、企鹅、海鸟、海豹和鲸鱼（包括最大的蓝鲸）提供食物的几十个物种，但南极洲生态系统的很大一部分完全依赖于一个磷虾物种。一只雌性南极磷虾（*Euphausia superba*）大约 5～7.6 厘米长，滤食浮游生物。其繁殖力很强，每年数次产卵，每次可达 1 万枚。这种磷虾大群地生活在南极各地，虾群密度达到每立方米数万只。南极磷虾从沿其身体的一对对旋转的发光器官中发出阵阵蓝色的生物发光，每个器官都具有一个晶体和一个反射器。它的眼柱上还有另一对发光器官。研究人员泰瑞丝·威尔逊（Thérèse

---

北大西洋的许多鲸鱼、海鸟、鱿鱼和鱼类都依赖庞大的北方磷虾（*Meganyctiphanes norvegica*）群来满足它们全部或大部分食物需求。生物发光的北方磷虾胃部呈现的强烈红色表明它一直在捕食桡足类。

在2013年9月，美洲鳀（*Engraulis mordax*）在加利福尼亚州蒙特利湾的数量激增带来了这场摄食狂潮，座头鲸张开巨口，沿水柱向上冲出水面，数以百计的加利福尼亚海狮和西部鸥也加入进来，打算分享盛宴，创造了一个海洋版非洲塞伦盖蒂大草原的场景。

Wilson）和伍迪·黑斯廷斯（Woody Hastings）认为，这种生物发光的闪烁可使磷虾彼此保持联系。果真如此的话，对于饥饿的鲸鱼、海豹或大王酸浆鱿来说就完美了。尤其是蓝鲸，它们需要集中的猎物来满足其能量需求。可能寻光游到这里，并且用地球上最远距离的通信系统跨洋呼唤同类的蓝鲸就开始大快朵颐地吞食这些数以百万计的海洋"萤火虫"了，心中一定感谢磷虾的交流系统如此方便地帮它们备好了大餐。

所有这些和其他食物金字塔或食物链加在一起构成了所谓的食物网，它是能量在生态系统中流动的所有途径的总和。科学家对食物网了解一直在进步，其复杂性每十年都有增加。对非洲西南近海的本格拉生态系统的充分研究表明，其食物网至少有2 800万条路径，其中包括海狗和各种鲨鱼，以及诸如鳕鱼和金枪鱼等具有很高商业价值的鱼类。然而奇迹是，不管以什么方式，传说中的大王鱿（世界上最大的无脊椎动物）、鲸鲨（海洋中最大的鱼类）、巨型管水母（世界上最长的动物）、白鲨（海洋中最令人畏惧的捕食者）和备受喜爱的虎鲸（海洋中最强大的捕食者），都会沿一条路径经过几小步回溯到主要呈微观的浮游植物，并完全依赖于它们以及桡足类和其他浮游动物的繁盛。

在一个简化的食物金字塔中，人们假设某一层的所有生物都会被下一层的生物完全消耗。但事实上，有很多漏网之鱼。例如，浮游植物和浮游动物漂出了某一层捕食者所及的范围并最终下落，为深层动物和微生物提供了有用的食物来源。凭借机智、矫健和运气的某种结合，大王鱿、大王酸浆鱿，甚至在某种程度上，洪堡鱿鱼，都设法在持续生长。

但关键的一点是，浮游生物以及食物金字塔稍往上层一点的自游动物通过躲避捕食可以生存繁衍，将它们的基因传给下一代。在所有方面，那些设法逃离了食物网的动物都与成为其他物种食物的动物一样重要。就这样，生命不断进化。

◆

第三部分

在 2011 年 12 月沿西南印度洋脊的一次探索性航行中，研究人员发现了这只在黑扇珊瑚上摄食的铠甲虾科（Galatheidae）的东方扁虾。

沿山脊跋涉

在海拔 610 米，离穿越冰岛东北部克拉夫拉地区的主要公路只有几步之遥的地方，我正走在部分月球、部分金星的景观中，这是冰岛最令人惊叹的熔岩区。克拉夫拉最近一连串的火山活动始于 1975 年，在接下来的 10 年中大约有 9 次喷发。到了 20 世纪 90 年代，就在我脚下的巨大岩浆库又开始上升了。虽然它此时没在动，但我周围的各种蒸汽喷口、沸腾的热泉、喷气坑、硫磺沉积物和冒泡的沸泥塘都证明活动在继续。

在接近山顶时，我可以看到达尔夫亚尔峰。与其说是一座山峰，不如说它是一个巨大的缺口：雷文斯山口。我停下来凝视着这座山口。我以前来过这里三次，最近一次是在三年前，当时的山口比现在窄 7.6 厘米。它的景象仍然让我深感震撼，因为这里正是大西洋中脊——贯穿南北大西洋中心的水下山脉——在陆地上展现其所有地质奇景的地方。

雷文斯山口每年都在变宽，证明这座山正在慢慢被拉开，而冰岛和欧亚板块与北美板块也是如此，它们隔着不断变宽的大西洋中脊遥遥相对。对冰岛来说，幸运的是，岛本身不会分裂为二，因为火山活动在板块分离时修复了裂缝。不过，再过 100 年左右，这座山口可能会再扩宽 2 米，尽管这种运动是断断续续的。在克拉夫拉地区，最密集的活动爆发是在公元 900 年、1724—1729 年和 1975—1984 年。在这些时期，雷文斯山口可能在 10 年内拓宽了 1～2 米。在这之间的时期，活动则没有这么剧烈。

大西洋中脊的裂谷在冰岛上岸，穿过位于辛格维利尔的国家公园，那里也是冰岛古议会所在地。该议会成立于公元 930 年，是世界上最古老的议会。

在冰岛东北部达尔夫亚尔峰的雷文斯山口，可以看到欧亚和北美板块正在分裂。

这点距离可能看似不多，但这就是陆地在数百万年中移动、断裂、分离和重组的方式。地质时间的旅程，新大陆的路径，以每年1英寸的速度开始。冰岛是地球上极少有的地方，人们在这里可以经常体验到剧烈的地质变化，而且往往令人震惊。漫步到附近的纳

马菲亚尔山脊的顶峰，我可以沿地壳上的一系列巨大裂缝向西南看去，这些裂缝有的被埋在冰层或岩石下，其他的则非常明显，它们一路穿过冰岛，通向雷克雅未克附近的雷克雅内斯半岛。

◆

世界上最长的山链

让我们想象一场沿着扩展的大西洋中脊顶部行进的旅程。徒步穿越冰岛，我们会经过一些世界上最新的熔岩区。事实上，在过去 1 000 年里，所有流到地表的熔岩中有三分之一涌现在地质活动极其活跃的冰岛。沿山脊发现的是几十到几百年的最年轻的岩石和熔岩，而冰岛的东西海岸的石头则有大约 1 600 万年的历史。因此，开车在几个小时内就可以穿越数百万年岁月，而车辆行驶的道路就是在缓缓蔓延的熔岩地带中开凿出来的。在冰岛的中心，我们穿过瓦特纳冰原的边缘，这是欧洲最大的冰盖，面积达 8 300 平方千米。我们接着经过卡特拉火山以及较小的埃亚菲亚德拉火山，后者从 2010 年 3 月开始的一系列爆发造成了很多在欧洲的旅行日程的中断，航空公司和相关行业估计因此损失了 17 亿美元。埃亚菲亚德拉火山所属火山链的岩浆库形成于大西洋中脊的扩展。随后，当我们向西南方向雷克雅内斯半岛进发时，我们经过更多的新鲜熔岩区，它们环绕着雷克雅未克附近著名的蓝湖，蓝湖中，脸色红润、有时嘴唇发蓝的游泳者享受着温泉，而在这个山脊上，仅仅由此向南几百千米就是许多深海热液喷口。

在凯夫拉维克国际机场附近，山脊突然进入海底，从 0 米下降到 200 米，但由于山脊高耸且绵延不绝，其向 1 000 米等深线的下降有效地朝冰岛西南方向延缓了几百千米。随着山脊深入海面之下，它具有了更为现代海洋学家和地质学家所熟知的地理外观和名称：大西洋中脊。

作为在冰岛的大西洋中脊陆上延伸的一部分，埃亚菲亚德拉火山在 2010 年初爆发。扩散的火山灰烟雨使整个欧洲和通往世界其他地区的航空旅行中断了数周。

沿着雷克雅内斯半岛下行入海的大西洋中脊经过拥有地热资源的蓝湖。

　　冰岛以南水下山脊的第一部分在当地被称为雷克雅内斯山脊。我们可以靠想象力去往水下的深处，追踪向南延伸的一长串山峰，并一瞥地球上最大山链的广袤。在北大西洋和南大西洋的大部分地区，这些山脉被称为大西洋中脊，而当山脊绕过非洲之角，穿过印度洋和澳洲以南，然后再次转向北方，穿越广阔的中太平洋时，这一山脊就有了许多其他名字。

　　这条山链有时在全球范围内被称为"大洋中脊"，全长 74 000千米，是南美洲安第斯山脉的 11.5 倍，而后者是陆地上最长的山脉，全长 6 400 千米。大西洋中脊从深渊平原上耸起，高度达4 600 米，宽度可达 1 600 千米，然后变成几百千米高的深渊丘陵，最后向深渊平原扩展。有人会觉得它应该出现在一个更大的星球上，不过后文我们将看到，大洋中脊的地理特殊性和奇观与地球这一以海洋为主的星球非常相称。

我们可以将想象中的冒险与沿美国东部的阿巴拉契亚国家步道徒步相比较，只不过阿巴拉契亚国家步道范围更小、环境更干燥。阿巴拉契亚步道长 3 400 千米，沿着阿巴拉契亚山脉古老、圆顶的山峰从缅因州延伸到乔治亚州。每年大约有 100 人能够完成这场需要 4 到 6 个月的远足。相比之下，即使大洋中脊在水面之上，并且像阿巴拉契亚步道的大部分路段一样坡度和缓，它也需要 7 到 11 年的持续行走才能走完。

在某个遥远的未来世纪，完整地穿行世界海洋的大洋中脊可能是对某个费迪南·麦哲伦、威廉·毕比、雅克·皮卡德、西尔维亚·厄尔、詹姆斯·卡梅隆或维克多·韦斯科沃式人物的挑战。但它远远超出了目前人类的技术能力，以至于几乎无法想象。这一壮举比乘船、飞机、气球或火箭绕地球一圈，或下潜到海底，或攀登七大洲中每一洲最高的山峰要困难得多。如果有一天能穿上加压服徒步走完大洋中脊，或者乘坐潜水艇或某种尚未发明的全地形海底交通工具完成这一壮举，那将是人类努力、更是水下工程的史诗级成就。

当我们在想象中的大西洋中脊远足中向南走时，我们首先意识到的一点是，它实际上是沿洋脊顶部的一个裂谷，几乎相当于水下东非大裂谷。这时我们的旅程变得容易了一些，因为我们可以沿着这条裂谷走，而不是在陡峭的山峰间上下颠簸。在一些地方，裂谷就像一条玻璃般光滑的公路，尽管看似平坦的黑色路面往往是最近熔岩流的证据，因为裂谷本身横跨了世界上最活跃的火山。地球上 80% 以上的火山活动都发生在大洋中脊的这一地区。我们的路线穿过了一些地球上最热、最危险和最不稳定的地区——实际上，这里是地球推出大部分新熔岩而形成海底的地方。每年，水下火山产生超过 20 立方千米的熔岩，该体积足以将美国和加拿大完全淹没在 30 厘米的熔岩之下。我们在行程中有时可以感受到灼热，并看到蒸汽从脚下逸出。

好的方面是，它是地球上最新的、前所未见的、未被接触的地带，地质运动空前活跃，崭新的海底几乎就在我们眼前不断涌出。

世界上最长的山链

> 早在 1912 年，德国地球物理学家和探险家阿尔弗雷德·魏格纳就提出了大陆漂移理论。对于魏格纳所处的 19 世纪的静止世界来说，他的观点是怪异的，但它确实解释了为什么欧洲和非洲大陆似乎与南北美洲大陆能够吻合地拼在一起，以及在大洋的相对的两岸发现了类似的化石。

很少有地方让人如此深入地看到地球的运作，这种深入了解将会助力人们发现深海中最后一些庞然"怪物"。而一切都从这里，大洋中脊的大西洋中部开始。

揭示大西洋中脊真正性质的漫长旅程始于美国水文地理学家马修·方丹·莫里（Matthew Fontaine Maurey），他从他的"海豚号"船上在北大西洋进行了大约 200 次探测。莫里在 1854 年绘制的北大西洋海图是绘制整个大洋海底海图的首次尝试，他在图中描绘了靠近海洋中心的一个区域，那里的海底比大陆架附近的浅得多，他称其为"海豚隆起"。凭纯粹的直觉和一种精神感应，莫里想象该地区是崎岖的山脉。20 年后，在 19 世纪 70 年代中期，查尔斯·怀维尔·汤姆森爵士在"挑战者号"上对这段海脊进行了详细探测，显示它至少从冰岛一直延伸到特里斯坦·达库尼亚岛——一个位于南大西洋、大致在南非和阿根廷之间的火山岛。他还发现了其他海洋中海脊的证据，但还不足以使他设想出一整条连绵不断的山脊。

这一观念是后来冒出来的，起初还是逐渐地积累，然后突然有了耀眼的灵光一闪。在 20 世纪 60 年代，随着板块构造学的现代地质学革命，这些海底山脉的全部意义变得明晰。这表明，要想掌握陆地移动的方式和原因、火山的作用、地震的意义，以及地球如何经历地质变化，就必须了解海洋的运作。

早在 1912 年，德国地球物理学家和探险家阿尔弗雷德·魏格纳（Alfred Wegener）就提出了大陆漂移理论。对于魏格纳所处的

19 世纪的静止世界来说，他的观点是怪异的，但它确实解释了为什么欧洲和非洲大陆似乎与南北美洲大陆能够吻合地拼在一起，以及在大洋的相对的两岸发现了类似的化石。魏格纳设想大陆是地质学时间上缓慢行驶于海洋中的船只。然而，他无法测试他的假设以证明他的理论。要做到这一点，需要对海底进行准确的测绘，并对沉积物进行年代测定，还需要许多其他证据。

美国海军物理学家哈维·C.海斯（Harvey C. Hayes）在 1922 年将海底测绘科学向前推进了一大步。那时，他在一周内从一艘移动的船上对整个北大西洋进行了近 1 000 次深海回声探测。他的秘诀就是海斯回声测深仪。以前用测深线进行一次探测需要花费大半天的时间，现在则只要大约 1 分钟。回声测深很快证实了大西洋中脊确实是一条崎岖的山脉。

到 20 世纪 50 年代，地震学家已经确定，大西洋中脊对应着一

熔化的枕状熔岩从夏威夷基拉韦厄火山海洋入口处的水下熔岩管道喷发出来，形成新的海底。每年，水下火山产生超过 20 立方千米的熔岩，该体积足以将美国和加拿大加起来大的地区完全淹没在 30 厘米的熔岩之下。

系列地震的震中。在水下制图师玛丽·萨普（Marie Tharp）开始根据探测结果绘制底部地形后，我们才认识大西洋中脊裂谷，而美国物理学家布鲁斯·希曾（Bruce Heezen）和莫里斯·尤因（Maurice Ewing）提出，大西洋中脊裂谷是一个火山裂谷，定期被来自地球滚烫地幔的熔岩填充。熔岩上涌流出，形成新的海洋地壳，并导致裂缝扩大。核心思想是现在被称为构造板块的边界处的这一运动影响了位于板块上的大陆运动。当希曾标绘出世界各地的地震震中位置时，他看到其中的许多围绕地球延伸成一条长线。他让萨普继续画有裂谷的山。

希曾和萨普就这样首次形成了世界上最长的山链——大洋中脊和全球大裂谷——的概念，并"看到"这些山脉起源于上升的熔岩。然而，这一理论并没有足够的证据支持，一些科学家认为这只不过是这两个人活跃想象力的虚构。没有什么能解释所有的新的海底洋壳的去向。希曾提出，地球本身可能正在缓慢扩张。如果他考虑到深海海沟——在这些海沟中发生地震，板块碰撞形成不同类型的火山，海底洋壳又俯冲下潜到地幔中——那么他就会接近于掌握全貌了。

在整个 20 世纪 60 年代，地质学中板块构造革命的各部分学说逐渐明朗并统合起来。美国地质学家哈雷·赫斯（Harry Hess）将希曾的观察与早先关于深海海沟低重力的发现结合起来，于 1960年提出，在板块碰撞的地方，如西太平洋，不断扩张的海底地壳在被向下推并俯冲回到地幔中。

1963 年，剑桥大学的科学家们解开了大洋中脊周围岩石（含磁铁矿）的条纹图案中发现的极性交替之谜。地球并非总是北极具有磁性的；在我们星球的地质历史上，有时是南极具有磁性。在过去的 8 500 万年中，磁极已经反转了 177 次以上。在过去的 200 万年里有过一次反转。

当熔岩从大洋中脊涌出时，熔岩中的磁铁矿会记录下当天的极性，无论是北还是南，然后向大洋中脊的两边扩展。这样我们就有了一个磁记录——遍布整个海底的磁性条带分布。随着地球的磁北

转向为磁南，继而又转换回去，每一条带交替显示出与当日对应的磁北极或磁南极。洋脊两边的分布完全吻合。

　　科学家们不知道磁反转是为何或如何发生的，但据统计，我们早应又有一次这种反转了。即使当全世界所有的罗盘都开始指向南方时会有预警和一个逐步的过渡期，地球导航系统的关键方面也可能会被某种东西干扰，其潜在破坏性要远超在20世纪90年代末令企业和政府非常担忧的所谓的"千年虫"。

　　这一惊人的磁记录显示，海底在不断地移动。沿着裂谷的海底崭新而炽热，但随着你越走越远，它变得更老、更冷、更厚和更重。在世界各地的海底，我们依然可以发现来自特提斯和伊庇特斯古海的一些最古老海底的遗迹。然而，大多数较为古老的海底都位于海沟底部，而在那里它很快就会俯冲下潜进入地幔。但它又并没有那么老。陆壳平均有20亿年历史，其中一部分的历史超过40亿

软体、无鳞的副狮子鱼（*Paraliparis*）是生活在海底的狮子鱼的一种。图中这条发现于大西洋中脊700～1 000米深处。注意它大量的头孔，这是感觉管的一部分，有助于探测猎物。当然，它的大眼睛也几乎不会错过任何东西。

年。与之相比，大多数洋壳的年龄不到 1.7 亿年，平均年龄为 1 亿年，在地质学的时间尺度上，并不比昨天久远多少。沉积物覆盖层在任何地方都惊人地薄，而洋脊附近的沉积物覆盖层又比在海沟中的薄得多。由于洋壳的不断循环再生，海底没有多少侏罗纪时期或更早的化石。与洋壳一起被抬升形成蛇绿岩的化石下是最古老的，而蛇绿岩是一种来自海底喷发的深绿色火成岩。古化石正是以这种方式遗留在俄罗斯乌拉尔地区的洋壳中的。

深海中并未栖居着多少"活化石"海怪，以及海底的扩张与俯冲实际上是在破坏古化石的记录，这些发现着实令人失望。但科学家们最终会在海底发现深具价值的东西，既古老又新鲜，具有突出的地质学和生物学意义，它将改变我们研究生命起源的方式。但首先，在解开板块构造之谜前，还需要找到几块拼图碎片。

在我们沿大西洋中脊的旅程中，裂谷宽窄交替，展宽从约 32 千米到只有几千米不等。此外还会上升和下降，其中比较平缓的部分堪比走在苏格兰高尔夫球场上；然而，在裂谷边缘、耸立两边的陡峭山峰前面，谷底实际上有点开始下陷，这是一种踏上膨胀的岩浆库的感觉。

在一些地方，裂谷似乎突然终结。这些海洋断裂带——以直角切割洋脊的深槽——是通过回声探测发现的。我们在冰岛和非洲突起处附近的佛得角群岛之间遇到的主要大西洋断裂带都被以许多海洋学家和其他科学家的名字命名，如"查理-吉布斯"（Charlie-Gibbs）、"法拉第"（Faraday）、"麦克斯韦"（Maxwell）、和"库尔恰托夫"（Kurchatov）。然后还有"皮克"（Pico）、"海洋学家"（Oceanographer）、"海斯"（Hayes）和"亚特兰蒂斯"（Atlantis）这样的名字。球体表面的几何学意味着在从北半球到南半球或从西到东的板块边界，永远不可能有一个整齐的山脉和裂谷的直线系统。相反，构造板块滑动、碰撞，努力贴合彼此。因此，每次我们遇到一个海洋断裂带时，我们都必须向右或向左转，重新找到我们的裂谷——有时在几百千米的远处——然后才能继续我们的环球裂谷探索。

断裂带还包含位于洋脊的偏移段之间的转换断层。转换断层是指两块地壳沿彼此的边界相互滑动，而不产生新地壳（如在山脊处），也不会有旧地壳俯冲潜没（如在海沟里）。

1967年，两位地球物理学家，美国的杰森·摩根（Jason Morgan）和英国的丹·麦肯锡（Dan McKenzie）各自独立收集了直到现在都令人信服的断裂带、转换断层、洋中脊和海沟的证据，并证明它们都彼此契合。这为板块构造学革命画上了句号。因此，在几十年前就首次暗示了这一想法，但之后长年未被理睬甚至遭到嘲笑的阿尔弗雷德·魏格纳成为了"板块构造学的先知"，尽管他对海洋的无知使他无法拓展自己的视野。

然而，即使当1930年魏格纳在探索格陵兰岛过程中被冻死时，他也没有从海洋中寻找真正的线索。了解地球的关键不是大陆漂移，而是海底扩张。大陆确实在漂移，但这只是因为它们位于由海底扩张而产生某种反应的板块上。今天，街上的普通人对于大陆的

这些捕食性异足类软体动物拉氏龙骨螺（*Carinaria lamarcki*）通常发现于大西洋中脊之上水深74～180米处。它的体长可达22厘米，有一个坚韧的胶质身体和一个覆盖内脏的小壳，一只大足改变为游泳的鳍，两眼很发达。一个弹性可收缩的吻在口中形成强有力的齿舌，用来撕咬猎物。

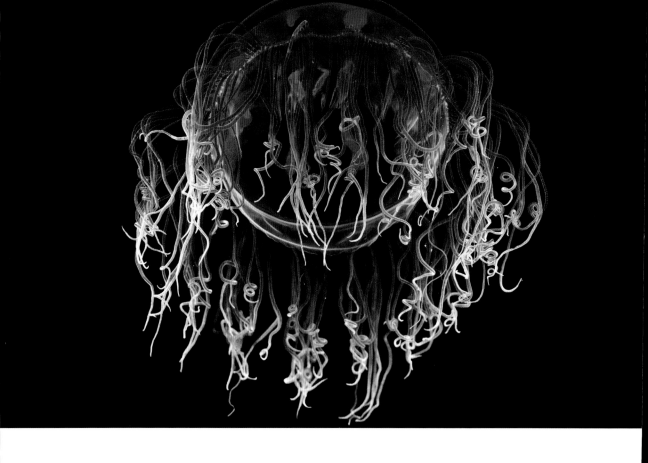

这种水螅水母红紫色水母（*Crossota millsae*）是深海中色彩更加丰富的生物发光水母之一。它拖曳其触手，穿过大西洋中脊 2 700 米深的海底捕食。

稳固性可以信也可以不信，但很少有人对海洋有什么看法，真正的地球故事却是在不断变化的海底发生的。我们生活在一个水的星球上，而地球科学或大气科学的任何分支，从地球化学到气候学，都不能忽视或否定世界海洋和所有海洋盆地的主导作用。

我们沿着更多的断裂带迂回前进，终于来到北大西洋中部的亚速尔群岛，北美、欧亚和非洲三大板块在此交汇。我们沿着北美板块和非洲板块的边界走，洋脊向西南方向稳步推进，似乎在顺应非洲板块突起的弧度，并穿过大西洋中心持续延伸。北美板块在南美洲的东北方向让位于南美板块。此后，大西洋中脊仿佛跟随着远去的非洲板块的隆起一样，转向东南，分开巴西和塞内加尔之间的通道——这是横跨大西洋的最短距离——然后继续向正南推进。

我们接着遇到更多断裂带。在一些地方，裂谷夹在两侧高达 3 000 米的岩石山峰之间。它不断前进，经过特里斯坦-达库尼亚群岛，几乎一直延伸到非洲南端和南极洲的中间位置。大西洋中脊在那里终止，布韦断裂带通入西南印度洋脊。在大西洋，洋脊主要为南北走向，断裂带是从东向西延伸的，但现在洋脊朝东至东北方向推进，断裂带则是从北到南。我们沿非洲板块和南极板块的边界前进，在西南印度洋脊到达印度洋中心之前，我们要穿越六个巨大的南北向断裂带。然后，它突然沿着印度-澳洲板块转向东南，形成东南印度洋脊，绕着澳洲南部海岸，在新西兰下面将南大洋一分为二，并成为太平洋-南极洋脊，得名原因是它形成了太平洋板块和南极板块之间的裂谷。

太平洋洋脊属于一个更古老的海洋，看起来与大西洋洋脊有所不同。太平洋盆地估计有 100 多万座火山，所以火山喷发要多得多，这里的海底运动也比大西洋的要快。太平洋在大约 2 亿年前始于围绕盘古大陆的盘古大洋，盘古大陆是后来分裂成我们今天所知大陆的超级大陆。自盘古大洋时代以来，太平洋盆地一直在缩小，把更多的海底推回海沟下的地幔，使它们无法沿着东太平洋海隆上升。另一方面，东太平洋的海底正在生成，并以比大西洋中脊的海底快 9 倍的速度扩张。由于有更多海沟进行洋壳俯冲，太平洋是一个更加狂野和活跃的地方。这一切造成了不同的地貌，但奇怪的是，结果是形成了起伏较平缓的山脉、浅而窄的裂谷和无尽的低矮深渊丘陵。尽管如此，太平洋中的海沟仍然是世界上最陡峭和最深的地方。

正如古老、圆顶的阿巴拉契亚山脉与陡峭的落基山脉形成鲜明对比一样，东太平洋海隆的坡度平缓，有时只有 300 米高，裂谷只有几百米深，并且仅宽 1.6 千米，与大西洋中脊的尖锐特征形成鲜明的对比。这就是为什么海洋学家在太平洋使用"海隆"（rise）一词，而不是"洋脊（脊）"（ridge），来反映高度逐渐累积的差异。

我们现在转向东北。在浩瀚开阔的太平洋中，沿着东太平洋海隆，穿越更多的断裂带，延长我们的旅程。在南太平洋，它不再像此前那样将海洋盆地一分为二，而是继续径直向南太平洋东部推进，几乎是直奔加拉帕戈斯裂谷——这是东太平洋海隆的一个分

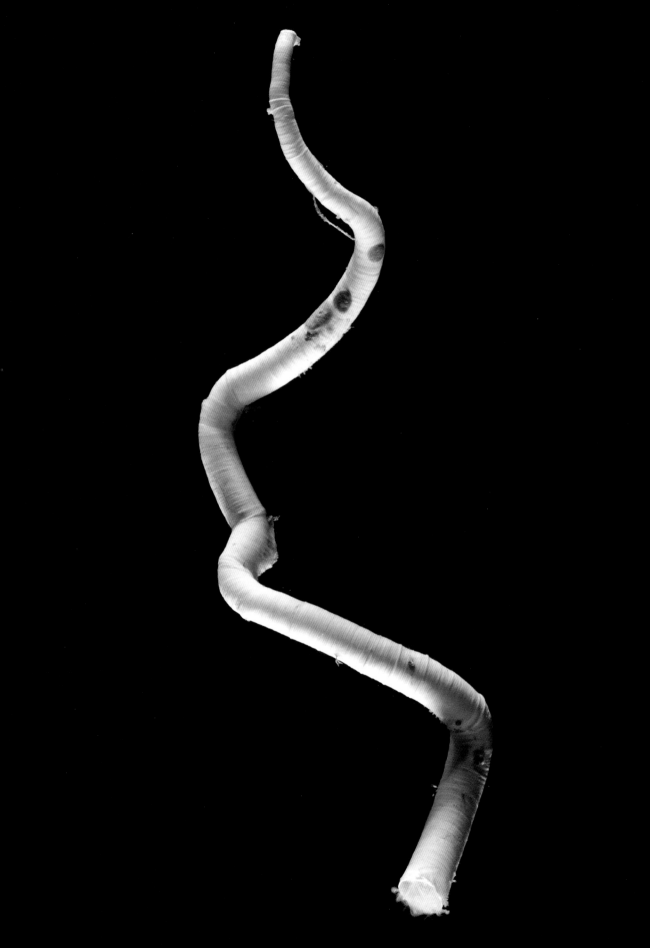

支，就在加拉帕戈斯群岛的东北方向。

在这次宏大旅行中的任何地方，我们都可以目睹火山活动，或停下来研究生活在裂谷中的奇特生命形式，但众所周知，正是在沿东太平洋海隆一带，岩浆库经常膨胀和爆发，不断填充沿海隆的裂谷；也正是在这个海底温度持续较高、有时非常高的地方，我们遇到了海洋中最新的深海"怪物"。

最早的线索出现在 20 世纪 70 年代初，当时海洋学家正在对东太平洋海隆部分地区的水进行采样。他们有时会发现"冒尖"的热水以及所谓的原始气体，例如氦的同位素，这表明水在被海床下的熔岩加热。这些发现为深海热液喷口的存在提供了第一个线索。这并不令人惊讶，因为人们认为火山活动是沿大洋中脊的扩张中心出现的，但是还从没有人见过热泉或深海热液喷口。

1972 年，地质学家乘坐一艘海洋学科考船在加拉帕戈斯裂谷上方测量裂谷中的地震，这时他们开始注意到正在死亡或漂浮在海面上已经死亡的鱼。用网把它们捞起来后，地质学家无法确定死因，而岸上的生物学家也无法确定，不过有一条诱人的线索：生物学家报告说，这些鱼生活在很深的地方。直到后来，人们才将水下洋脊上的地质活动和动物的存在联系起来。

此后，1976 年，海洋学家使用名为"深拖"的水下仪器系统在加拉帕戈斯裂谷上拍摄到了一些大型白蛤。一位科学家半开玩笑地说，这些可能是人们在烤蛤野餐会后扔下船的。根本没有人想到，在这些洋脊周围，生命还能茁壮成长。即使是那些偶然靠得太近的鱼都显然难逃一劫。这个地方不仅太热、太深，而且离阳光也太远了。

◆

这条管虫，或称多毛虫，是在西南印度洋脊的龙旂热液区附近一个珊瑚海山的珊瑚碎石中发现的。

硫磺花园中的生物

1977 年，经过几年的计划和筹款，十几位急切想去看大洋中脊上"热泉"的美国地质学家组成的团队得到机会，可以搭乘美国深海潜水研究船"阿尔文号"探索加拉帕戈斯裂谷。

久负盛名的"阿尔文号"是一艘三人潜水艇，长 7.6 米，重 14 500 千克。它可以在深达 4.5 千米处潜水长达 10 小时，其余时间则停泊在马萨诸塞州的伍兹霍尔海洋研究所。它仍然是当今少数可用于深海科学工作的载人潜艇之一。

除了科研任务，"阿尔文号"这艘有着红色指挥塔的白色小潜艇还拯救过世界，或者更准确地说，是挽回了美国的面子。20 世纪 60 年代中期，"阿尔文号"找到了一枚因美国空军 B-52 战机在西班牙海岸附近坠毁而丢失的氢弹。它是第一艘潜到沉船"泰坦尼克号"上的潜艇，并且显然在激励詹姆斯·卡梅隆建造"深海挑战者号"上功不可没，后者使卡梅隆更深入地探索了马里亚纳海沟底部。在"阿尔文号"36 年的工作中也发生过一些意外。1968 年，它沉没了，虽然没有造成任何伤亡，但在水面下 1.6 千米深的海底呆了将近 1 年。"阿尔文号"还曾被一条重达 113 千克的剑鱼袭击过，鱼的"剑"卡在了两块外板的连接处，使鱼被固定在潜艇上，如同一个倒置的奖杯。之后不久，"阿尔文号"的警报系统就显示漏水，潜艇飞速升到了水面。但事实证明，漏水与剑鱼的攻击无关。

巨型管虫属未定种（*Riftia sp.*）和贻贝 *Bathymodiolus sp.*[①] 在东太平洋热液喷口的缝隙中茁壮生长。那里的水中有大量海雪，携带着依赖硫化物生存的细菌。这些细菌为生活在喷口的动物提供营养来源，而管虫也会消化生活在它们体内的细菌。

---

① 一种深海偏顶蛤。——译者注

"阿尔文号"建造于
1964 年，以伍兹霍
尔海洋研究所为基
地，是第一艘探索热
液喷口的载人潜水
艇，可以搭载三人，
工作深度可达4.5千
米，能在水下停留 8
小时。"阿尔文号"
在 20 世纪 60 年代中
期打捞出一枚失落
在西班牙沿海的氢
弹，并且第一个探索
了"泰坦尼克号"沉
船残骸。每隔三到五
年，它都要被拆卸并
更换许多部件。

目前的"阿尔文号"已经被多次修理和改装，原来的部件都已
不在，但设计和样式依旧。它的成就也在不断增加，但没有什么能
超越 1977 年 8 月的发现带给人的震撼和兴奋，当时它在加拉帕戈
斯群岛东北约 320 千米处首次下潜到加拉帕戈斯裂谷。

其时俄勒冈州立大学的美国地质学家杰克·科利斯（Jack
Corliss）和麻省理工学院的苏格兰地球化学家约翰·埃德蒙（John
Edmond）参加了下潜。当他们目不转睛地沿着裂谷在水下 2.4 千
米深处行进时，领航员突然注意到海底有一只白色的螃蟹。在这片
科利斯描述为"光滑如玻璃"的区域，他们几乎还没有看到任何生
命，而眼前的景象实在令人惊讶。此后不久，水开始变得乳白而浑
浊，科利斯注意到，他专门改造的水下温度计开始显示温度正在稳
步上升。设备上的警报器响了起来，提示更高的温度。这时领航员
兴奋地宣布："这里有蛤蜊！"

随着"阿尔文号"的接近，科利斯和埃德蒙首次大饱眼福，看
到了一座"玫瑰园"，他们后来还将其描述为这片海底沙漠中的一
个奇异的绿洲。在这里，他们找到了众多热泉和热液喷口，而且到
处都是生命：蛤蜊、贻贝、管虫等等。这些也不是普通的蛤蜊，而

"阿尔文号"的液压动力机械臂在沿东太平洋海隆的热液喷口探测管虫。

是幽灵般莹白、30 厘米的巨型蛤蜊。贻贝也有 15 厘米。在他们四周的水流中来回摇摆着密集的蛇形管虫，长达 1 米。它们附着在裂缝深处，展露出红色花蕾状的尖端。"阿尔文号"的灯光照亮了这座无比繁茂的深海花园，让人一览无余它的所有神奇之处。

看到这些奇异、庞大的生物时，科利斯和埃德蒙首先想到，他们意外发现了一个极其久远，而且一定是人类此前从未见过的原始生态系统。也许它可以追溯到数百万年前某个失落的世界。当这一消息通过《自然》《科学》《新科学家》和《纽约时报》传遍科学界时，其热度堪比 100 年前的深海活化石搜索带来的兴奋，只不过这些发现不管是否活着都不是化石。这里的管虫和大多数其他主要动物可能是最近才出现的，历史不到 1 亿年。它们年轻并且生机勃勃，证明了在世界海洋的不同角落、洋脊和海沟中可以找到地球生物和地质历史的惊人秘密。揭示它们的过程将为海洋生物学、微生物学和地球科学的各个分支学科带来重要启示。教科书必将重写。

热液喷口的生命似乎打破了此前所有的规则。这里的动物并不像大多数深海动物那样生长缓慢，而是靠某种非凡能量来源的供给快速生长。虽然科利斯和埃德蒙感觉到了这一点，但他们完全想不出这些动物是如何能茁壮生长的。这里 10 ～ 20 ℃的水与大多数深海 2 ～ 4 ℃的水相比就算是很暖了。而且令人惊讶的是，这些水中充满了有毒的硫化氢。"阿尔文号"为岸上的生物学家收集了一些管虫和软体动物的样本，基本情况很快就明朗了。科利斯和埃德蒙首次发现了一个在地球上不从太阳和光合作用中获取能量的生态系统。食物网的基础不是进行光合作用的生物体。那它是什么呢？

巨型管虫（*Riftia pachyptila*）是没有嘴或消化系统的生物，当生物学家开始解剖它们时闻到一股强烈的臭味。不止一位研究人员发现，这股恶臭可以熏走实验室里所有不懂深海的人，从而保证他们可以数小时不受干扰地工作。事实上，管虫体内充满了细菌，它们正是以这些细菌为食的。蛤蜊和贻贝的组织中也有细菌。热液喷口的其他动物似乎也与细菌共同生活，或者可能以细菌为食——从水中滤食细菌，或者吃岩石上的细菌附着层。

20 世纪 80 年代初，研究生科琳·卡瓦诺（Colleen Cavanaugh，现在已是哈佛大学生物学教授）首次提出，巨型管虫从生活在它们细胞内的细菌那里获取食物。通过一个称为化学合成的过程，细菌将不能吃的甲烷和硫转化为管虫可以吃的有机分子。大约在同一时间，伍兹霍尔海洋研究所的霍尔格·W. 扬纳施（Holger W. Jannasch）和夏威夷大学马诺阿分校的戴维·卡尔（David Karl）正在研究热液喷口细菌。他们通过实验表明，这些细菌依赖硫化氢和其他形式的硫为生，从而揭示了细菌和喷口的硫之间的生命联系。科学家开始意识到，这些细菌支持着一整个热液生态系统。事实证明，这些所谓的化学合成细菌取代了光合作用的浮游植物，成为热液喷口群落中食物网的有机基础。

热液喷口赫然成为 20 世纪末的伟大发现之一。早期报道大肆宣传了细菌能在 250 ℃环境中生活，所发现的管虫不仅是新的物种，甚至属于另一个门，以及这一生态系统依赖于化学合成。事实上，已知微生物栖息地的最高温度约为 115 ℃，理论上它们最高可承受 150 ℃的高温，但人们已经测出最热的热液喷口温度为 407 ℃。那些最初看似怪异和难以归类的巨型管虫已被证明是一种环节动物。迄今为止，尽管有早期迹象显示可能有物种属于新的

巨型管虫发现于各种深海热液喷口，与海葵、贻贝和其他动物生长在一起。它们没有消化道，但与一种可以用氧化硫化学合成的细菌亲密共生。左图中这些长在加拉帕戈斯裂谷的管虫是人们见过的最大集群之一。

门，但没有任何来自热液喷口的管虫被确证为另一门的生物。最后，生物对化学合成的依赖远比最初的设想复杂。

喷口动物其实也需要太阳和光合作用，因为各种管虫、蛤蜊、贻贝和其他喷口动物都需要氧气，和所有大型多细胞生物一样。它们从海水中获得的氧气来自光合作用。此外，尽管食物网的有机基础是化学合成，或进行化学合成的细菌，但细菌使用的化学能来自硫化物的氧化。虽然如此，但在热液喷口发现的奇怪物种确实生活在一种新型生态系统中。

起初人们认为，发现看似不可能的热液喷口生态系统是一件稀奇事。其他地方是否还有更多的热液喷口栖居着相同或不同的动物呢？继"阿尔文号"1977年的成功之后，新的探险开始沿着构造板块交汇、火山活动频繁的大洋中脊进行全面搜索，首先在北太平洋，然后是在北大西洋和印度洋。对"阿尔文号"的需求比以往任何时候都多。科学家和技术人员争抢使用船只和潜艇的时间，许多人都准备在海上过圣诞节和其他假期。尽管生物学家在这些时候远离亲友实属不易，但乘坐"阿尔文号"或其辅助船，收集奇怪的新蠕虫、贻贝和虾的样本，更不用说还有细菌等微生物，也算是对传统庆祝活动不错的替代了。

◆

沿大洋中脊继续前行，回到过去

我们沿着世界上最长的山脉继续探索，它从赤道以北的东太平洋海隆和加拉帕戈斯群岛向墨西哥延伸。大洋中脊的这一部分是热液喷口出现的主要地带。

1979 年，科学家在沿大洋中脊向北 2 900 千米的墨西哥水域的加利福尼亚湾口附近发现了新的热液喷口。在看过被广泛宣传的加拉帕戈斯裂谷玫瑰园的照片后，科学家们对这些喷口截然不同的面貌颇为惊讶。在这里，现在被称为"黑烟囱"的高耸烟囱状结构每次喷发会吐出富含化学物质的大团过热水，水温通常为 350 ℃或更高。如同在加拉帕戈斯裂谷一样，寒冷的海水流入海洋裂谷的裂缝中，与炽热的玄武熔岩相遇，变得过热，并携带硫、铁、铜和锌。但这些黑烟囱相比加拉帕戈斯裂谷而言，比较年轻而且温度高得多。

当这种热水与 2 ℃的冰冷海水融合时，热水中的矿物质沉淀为烟囱状结构，其中一些结构的增长速度可达每天 30 厘米。从这些结构中涌出的热水和化学物质富含硫化铜。硫化物沉淀后，水变成黑色，看起来就像烟囱里冒出的黑烟，"黑烟囱"因此得名。

科学家说，仅 30 个黑烟囱在一个小时内就能产生与一个大型核动力反应堆相当的能量。每 1 000 万年，流过大洋中脊上的黑烟囱和热液喷口的海水体积等同于世界海洋体积。因此，海洋的化学成分深受从黑烟囱涌出的化学物质影响。

2011 年 11 月，在印度洋的龙旂热液区发现了深海热液盲虾 *Rimicaris sp.*[①]。共生于它们鳃室中的细菌被认为直接或通过其排泄物为虾提供食物。这些细菌喜欢高温。

---

① 一种盲虾。——译者注

热液喷口的生物繁荣，其中产生了大量的巨型管虫属的管虫，长度可达 1 米。在这些肥大的管虫间摄食的是一些短尾蟹和一条淡粉色的绵鳚科（Zoarcidae）的鱼。

　　黑烟囱在墨黑的深海中赫然耸现的景象给潜艇中的研究人员一种超现实的体验，他们不得不随时提醒自己，这些结构没有生命，也不是怪物。事实上，在黑烟囱上没有发现蛤蜊、贻贝或管虫，因为它们实在太热了，但在不远处却有生命。黑烟囱内的温度与几米外的温度可以相差超过 416 ℃，这是地球上在如此短的距离内的最大温差。

　　还有什么地方可以找到这样的高温呢？在水面上，水的沸点为 100 ℃，但当压强随深度的增加从 1 个大气压增加到 218 个大气压时，沸点会随之升至 374 ℃。在水下 2.4 千米处的深海，压强阻止了水的沸腾，使它变成过热水。不过，"加尔文号"被热水周围大量的冷水保护，因此能够在黑烟囱中穿行，在相对安全的情况下进行探测和研究，除非发生大规模的火山爆发。

　　自 1979 年以来，人们在海底发现了更多的热液喷口和茂盛

　深海生物

的绿洲。科学家给它们起了诸如"蛤蜊田"（Clam Acres）和"地狱之洞"（Hole-to-Hell）这样的名字。这些热液喷口大多在太平洋中，但1985年，在大西洋中脊的跨大西洋地学断面（TAG）和蛇坑（Snake Pit）发现了两处热液区。1992年，在"好彩"（Lucky Strike）和"断刺"（Broken Spur）又发现了两处。大西洋热液喷口的动物与太平洋的大不相同，它们不是巨型管虫和蛤蜊，而是更多的贻贝，以及白色的像鳗鱼的鱼和虾，背上有高度进化的眼睛，可以探测到暗淡的光源。而且这里也有黑烟囱。

1988年，在西太平洋的深海沟，即俯冲带，特别是在日本海沟和马里亚纳海沟附近的马里亚纳海槽，有一些惊人的发现，包括热泉和大量生命。最显眼的居民是一个新的海螺的科——迄今所见第一种在鳃里有化学合成细菌的海螺。其他不寻常的物种也被记录下来，但约有一半属于8 050千米外东太平洋各洋脊上已知的属。

2012年，伍兹霍尔海洋研究所的遥控潜水器"伊阿宋号"探测了被称为中开曼海隆的水下山链一带，主要在加勒比海的皮卡德热液区的生命爆发情况。这里喷口喷出的水深超过5千米，遍布海葵和虾，已被证明是世界上已知最深的热液喷口。

图中显示一个热液区周围聚集的大群活虾。随着热量和矿物质从地下涌出，这里的生命密集到连喷口和岩石都被遮挡住了。

因此，一直以来都有深海"怪物"存在，只不过人们找错了种类。深海中虽然没有那类双头、巨口和胃大如校车的怪物，但是有更奇异的生物栖居，它们没有嘴和肛门，从细菌那里获取营养，并且不完全依赖太阳。

热液喷口被形容为沙漠中的绿洲。深海海底和大洋中脊并非没有生命（沙漠也不是），但这些喷口周围的生物丰富异常，令人叹为观止，相较于其他地带，的确就像沙漠绿洲了。

科学家不断发现更多的热液喷口并返回已知地点，他们也开始记录热液喷口的生命历史。就像热带雨林、热带大草原或任何其他动植物群落一样，热液喷口也有自己的循环。为了解生活在这里的奇怪动物，有必要追寻一个热液喷口从诞生到生命成长的全盛期到死亡的整个历程。

热液喷口的诞生是灾难性事件，会有大量的热量和矿物质从地心喷出。几小时或几天内，化学合成细菌以及各种动物开始出现，尽管它们从何处来仍然只有猜测。每一种生物都在寒冷海水和炽热烟囱的两极之间找到了自己喜欢的栖息地，而最重要的是，它们通过"化学"固定了自己的位置。这些动物生长迅速，蛤蜊在四到六年内就长到最大。但最终，喷口开始休眠，化学合成细菌的稳定营养来源就会干涸。

由于各种蛤蜊、管虫和贻贝无法移动，它们将会死亡。热液喷口地区最后的迹象往往是蛤壳碎片和烧焦且解体的蠕虫，好像一座贝丘遗址，或是一场烤蛤野餐会的残留。通过测定喷口处蛤壳和其他物质的年代，科学家估计，东太平洋海隆上一个深水热液喷口群落的生命周期大约为几十年。这个时间与大西洋中脊上的热液区相比非常短暂，那里的一些喷口被认为有数百到数千年的历史，相当于某些陆地上森林循环的时间尺度。在几十年内，太平洋中的一个热液喷口可能会从几乎没有生命，到全盛期，成为最密集的生命群落之一，拥有地球上最高的生物量（单位面积上生物的重量），然后又回到很少或没有生命的沉寂。

目前，已确认有六个海底生物地理区，每个都有明显不同的物种集群。在未探索的南半球和北极，可能还有更多这样的地区有待发现。在迄今为止发现的590多种喷口生物中，只有少数高度特化物种的生命周期被观察到。一个迫切的问题是：具有如此独特生活方式的喷口群落动物如何将它们的基因传递下去，并且当数千米外有下一个喷口出现时还能成功重生？在地质活跃地区，特别是在太

平洋，热液喷口和花园频繁出现，可能沿大洋中脊每 3 千米就有一个，大西洋的喷口和花园似乎要少些。但在节奏缓慢的深海中，即使 3～20 千米也可能算是艰难漫长的距离。

大多数热液喷口动物会繁殖，自由地将大量配子（形成受精卵的卵子或精子）释放到水柱中。配子在水中相遇，卵子受精，胚胎发育成随水漂流的幼体。这一浮游动物显然数量足够多、存活时间足够长，并能随水漂流足够远，从而使该物种本身得以生存。也许是有时从裂谷底部经过的水流将幼体带到了最新的可能产生喷口的地点。但它们是如何进行成百上千千米的长途旅行的？美国热液喷口生物学家辛迪·李·凡·多弗（Cindy Lee Van Dover）指出，目前的观点是，确实发生了长距离传播，但可能是在几千米的范围内，而不是几千千米。多弗说："我们认为种群的迁移是按照阶石模式进行的，幼体到达一些'较远'的地方，进行繁殖，然后把它们的繁殖体再往远处送一步，因此长距离的前进要经过数代，而不是在一代之内完成。"有人提出，在海上死亡并沉入海底的鲸鱼尸体可能部分地起着热液喷口间阶石的作用。这种解释可能适用于一些以幼体繁殖的物种，但大多数的此类环境只支持一小部分物种。鲸鱼尸体形成一个小型生态系统，养活独特的物种。2019 年，遥控潜水器"鹦鹉螺号"在蒙特利湾国家海洋保护区的海底发现了一头新近死亡沉底的灰鲸，它正在被物种不明的僵尸虫、深海章鱼、绵鳚鱼和螃蟹等吞食。无论采取了何种策略传播，一个非同寻常的事实是，当大洋中脊上某个热液喷口死亡时，另一个似乎就诞生了，而新的生命也在热泉形成后迅速出现。

◆

深海蜥鱼（*Bathysaurus ferox*）趴在 1 000～2 500 米深的海底，微微抬起头，等待着它的鱼类或十足类猎物（无论是死是活）漂到可及的范围内。它的颜色可以是棕色、黑色或接近白色，而它的捕食是否成功可能取决于能否与海底的颜色融为一体。

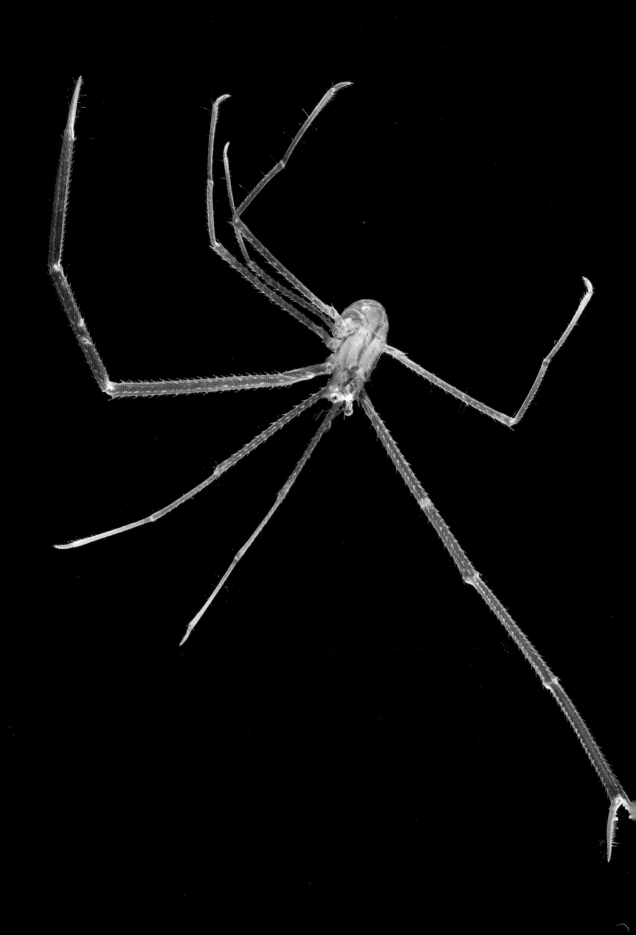

黑烟囱和新的生命形式

大洋中脊在北美大陆西部的加利福尼亚湾北端浮出海面。除了从微小的火山岛到冰岛这一大岛这些大小不一的岛屿，这就是洋中脊与主要陆地的唯一一次相遇了。相遇的结果广为人知，也引起广泛的讨论和担忧——大洋中脊沿着著名的圣安德烈亚斯断层延伸了加利福尼亚州的一半长度，然后又在门多西诺附近入海。

从这个角度很容易看出为什么扩张的大洋中脊实为两个板块在加利福尼亚相遇或者说分歧的边界，有可能造成一些问题。事实上，随着地质时间的推移，这些问题在得到改善之前会变得非常糟糕。在加利福尼亚海岸，断层线以西的一切都在向西移动。海水最终将从加利福尼亚湾涌入，造成规模巨大的破坏，而那些担心每隔几年就损失一米财产的房主们还没有意识到这一点。换句话说，西加利福尼亚州正在成为一个岛屿。当然，位于大西洋中脊上的冰岛也在被一分为二，但速度很慢，足以使火山活动有时间来修复裂缝。在太平洋，板块现在彼此远离的速度比原来快三倍。未来某一天，美国的这个新岛国可能会以其最大的城市被命名为"洛杉矶岛"[或者根据洛杉矶（Los Angeles）的本义，是"迷途天使之岛"（Island of the Lost Angels）]。毫无疑问，它将通过不断加长的桥梁与大陆相连。

回到海上，我们深海之旅的最后一站是门多西诺附近的胡安·德·富卡洋中脊。大洋中脊在这一带的热液喷口是从 1983 年

2011 年 12 月在印度洋的一座珊瑚海山上发现了这只手臂格外长、正在爬行的深海铠甲虾。这些甲壳类动物也被观察到在热液喷口周围大量聚集。该物种属于铠甲虾属（*Galathea*）还是刺铠虾属（*Munida*）尚有待确认。

寒冷的海水流入海底裂缝并与炽热的玄武熔岩相遇时就会形成黑烟囱。过热的水携带硫、铁、铜和锌等元素从海底涌出，沉淀为烟囱状结构。这些黑烟囱能以每天30厘米的速度增长，在一周内超过2米。

开始被陆续发现的，由于相对靠近北美洲的西海岸，该地区一直受到美国和加拿大科研人员的青睐。当1991年在这里发现世界上最大的黑烟囱时，胡安·德·富卡洋中脊就出名了。这一黑烟囱相当于一栋13层楼的建筑，高45米，直径竟达到12米，难怪科学家称其为哥斯拉。

20世纪90年代末，分属于不同学科的地质学家和生物学家共同策划了一场对胡安·德·富卡洋中脊黑烟囱的"袭击"，目标是抓取几只黑烟囱并带回船上的实验室，要保证它们是"活着并冒烟的"。这项工作的领导者之一是约翰·德莱尼（John Delaney），一位来自西雅图华盛顿大学的高个大胡子海洋地质学家。1998年夏天，在一次有翔实记载的考察中，科学家小组乘坐"托马斯·G.

汤普森号"和"约翰·P.塔利号",航行290千米前往那些高耸的喷口。与德莱尼同行的人中还有华盛顿大学微生物学家约翰·巴洛斯(John Baross),他对生命的构成条件感兴趣。

　　准确的目的地是胡安·德·富卡洋中脊最北端奋进段(Endeavor)的摩斯拉(Mothra)热液场。德莱尼小组在前几年已经去过这里几次,并且德莱尼还使这一地区成为了世界上被绘制得最好的海底之一。他们清楚地知道黑烟囱的位置,甚至还戏谑地用苏格兰精灵命名了其中一些。只要这些结构在这段时间内尚未变冷和倒塌,它们就会矗立在那里,等待人们的到来。早期的一些探险也有记者随行,不过这一次与科考小组同来的是英国广播公司(BBC)的一个摄制组,他们正在与美国公共电视台波士顿

幽灵般的白虾和海葵努力在逐渐冷却的黑烟囱上求生。黑烟囱刚形成时最热,最终会逐渐冷却。即使在冷却时,它也是异常炽热的。黑烟囱内的温度可达400 ℃,比仅仅几米外水的温度要高得多。这是在地球上任何地方短距离内的最大温差。

硫化铜"汤"中的过热水——通常为350℃——从黑烟囱中涌出。随着硫化沉积物的沉淀，水变成了黑色，看似从地壳的火中喷出的黑烟。事实上，既没有烟也没有火。不过，30个黑烟囱每小时能够产生相当于一座大型核动力反应堆所产生的能量。

公共电视频道的《新星》制作组（WGBH/Nova）一起准备一部关于"深海火山"的特别纪录片。美国自然历史博物馆联合赞助了这次探险，部分原因是希望获得一个真正的黑烟囱，在其地球大厅展出。经过多年计划和大量资金投入，科学家和电影制作人都渴望成功。

与许多深海工作一样，生物学深海工作的成功取决于考虑周到的工程。此次的挑战是如何切下一块温度高达400℃的沉重而又出奇脆弱的岩石，将其固定在一个抓取装置上，并在水柱中提升2.4千米，然后再尝试最棘手的步骤：将它整个地从水中提起，放在船的甲板上。

负责策划和组织这一工程壮举的是勒罗伊·奥尔森（LeRoy Olson），他将使用专门改造为水下使用的链锯砍下四个黑烟囱。但奥尔森的主要工作是降低德莱尼的期望。起初，德莱尼想要 6 米高的烟囱，尽管这还算不上是哥斯拉的规模，但当奥尔森进行计算时，他意识到德莱尼的迷你怪物可能每个都重达 54 430 千克。虽然德莱尼被说服接受 3 ～ 4 米的烟囱，但这仍然是艰巨的挑战。

把黑烟囱切下来并在拉上水面之前固定好是一项困难而精细的工作，德莱尼和他的同事们为此使用了加拿大的一台名为"海洋科学遥控平台"（ROPOS）的遥控深潜器。然而，在第一天，链锯无法穿透一个他们选择来测试技术的旧烟囱。然后天气变得恶劣，在此期间，启动设备或试图拉起任何东西都太冒险了。经过三天的大风大浪，条件终于有所改善。奥尔森和他的团队将ROPOS 送入海底，试图捞起一个被他们称为"潘"（Phang）的活跃烟囱。结果它四分五裂了。他们继续试图至少固定它的一个部分。这一次，链锯和抓取装置起了作用。经过一个半小时的精细操作，"潘"被送到了水面上，但缺少了顶部。当它被降到甲板上时，它断成了三部分。虽然如此，但这也是一个开始。科学家们聚集在船尾，对他们的第一个战利品颇感欣慰，尽管它已经支离破碎。

但是很遗憾，人们发现"潘"是一个死烟囱。它不包含任何微生物，根本没有生命。不过，它对地质学家来说还是很有价值的，也使得采集另外三个他们希望带走的烟囱这件事显得更加实际可行。

在又经历了两天的设备故障后，奥尔森和德莱尼争论起了采集下一个黑烟囱"罗恩"（Roane）的两种方法的利弊。一种是使用链锯，另一种是简单将安全绳系在"罗恩"上然后使劲拉动，希望它能在绳子断掉或绞盘塌架前被拉断。由于探险队的时间已经不多，他们决定尝试德莱尼的建议。绳子的拉力已经达到了5 550千克，工程师奥尔森同意将其提高到9 100千克，但不能再多。就在他们准备放弃并把绳子切断时，黑烟囱脱落了。

捞起来的"罗恩"分成了两小段，但它是"活的"，充满了微生物。它的内部温度为194 ℃，对黑烟囱来说有点凉，因此是一个信号，表明它的活跃度只有高温黑烟囱的一半。悲观主义者可能会说它是"半死的"，但这是小组从水下拉上来的第一个在其较冷部分带有生命的烟囱，那些是对于生物学家巴洛斯和他的学生来说非常神奇的微生物。微生物学家们终于可以开始工作了，而他们必须与时间赛跑，因为烟囱在船的露天甲板上冷却得非常迅速。这一研究对象带来了惊人的发现，使他们首次得以一窥"新鲜"热烟囱内部的活细菌。

在考察中提取烟囱这一工作的第二天，也是最后一天，小组设法拉起了两个更热的黑烟囱。当"芬"（Finn）刚从水中被吊到甲板上时，它就散架了，但"格温妮"（Gwenen）保持了完好无损，尽管它有点偏小，只有1.4米高，不过它拥有炽热、鲜活的生命。它的内部甚至有点黏糊糊的，这些黏稠物原来是黄铜矿，一种铜铁硫化物。

兴高采烈的巴洛斯对电影制作人说："当你进入这些环境时，你总会想到的一件事就是，你可能在这次航行或这次潜水中有新的发现。不知何故，如果看到我们从未见过的动物，或者我们认为在几百亿年前就已经灭绝的动物，我绝不会感到惊讶。"

巴洛斯在说到"几百亿"之前停顿了一下，你可以看出他在盘算。说几千万太少，但几百亿却又超出规模了。尽管知道地球本身形成于不到50亿年前，而生命开始于大约35亿到40亿年前，他还是说出了"几百亿"。美国人对夸张的偏好强调了一点：这是令人兴奋的发现。这些微生物将为21世纪的科研提供非凡的研究材料和大量项目课题。巴洛斯将在华盛顿大学自己的实验室中建造微烟囱模型，研究可能创造了生命的条件，而这些微生物将是模型的基本部件。英国广播公司和《新星》制作组已经拍成了一部电影。美国自然历史博物馆也获得了它的奖品——尽管没有预期的那么大，但它是一个真正的黑烟囱。

♦

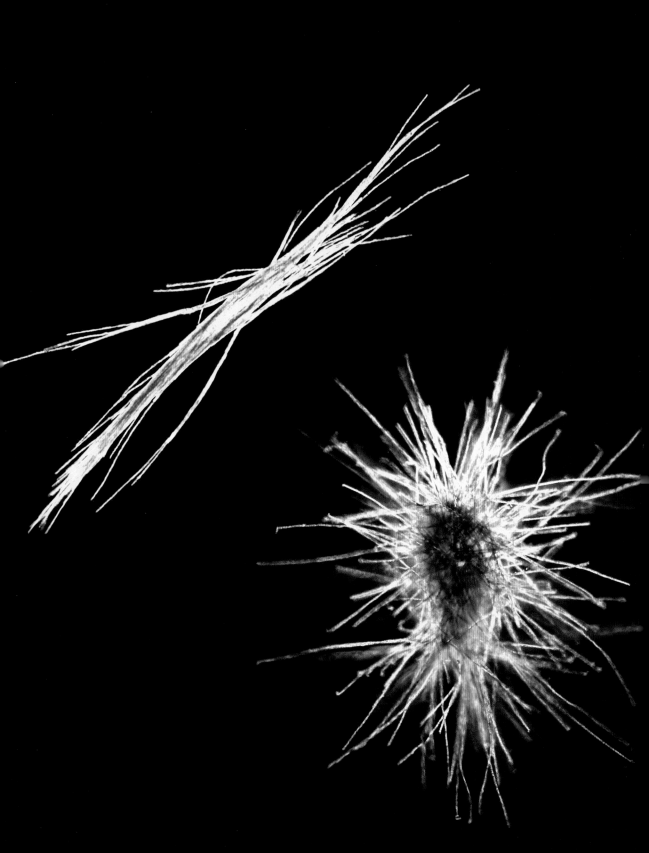

古菌：一种新的生命形式

当我们在想象中沿世界海洋中的山脉走完了的 74 000
千米大洋中脊之旅时，我们曾经知道的地球已经变
成了一个小得多的地方，但仍有许多东西有待揭示
和了解。截至 2020 年，只有 19% 的世界洋底被绘
制。约翰·德莱尼和其他研究人员一直在努力开发下一代的各种仪
器，并规划一套全球合作的基础设施，以建立对深海的长期监测和
研究。大洋中脊和最深的海沟，将是 21 世纪及将来大量工作的场
所。哈佛大学的爱德华·O. 威尔逊（Edward O. Wilson）对大洋中
脊物种多样性的惊人发现充满了热情，他说，如果他今天才开始生
物学家生涯，那么他一定会研究微生物这一新的前沿课题。在他看
来，微生物这种小东西才是真正的世界之主。对科学家来说，现在
地球上最激动人心的探险活动是寻找和发现一些最微小的生物体。

这些微生物究竟是什么？"微生物"是指那些小到没有显微镜
就无法看到的生物。它们是单细胞生物，数以百万计地聚集在一起
还可以穿过针眼。事实上，人一只手上的微生物数量比地球上的人
类总数还多。没有微生物，植物就不能生长，垃圾就不会腐烂，我
们就不能消化食物，这个星球上我们所知的生命也将不可能存在。

我们所知道的大多数常见微生物是细菌，但微生物不仅仅是细
菌。在热液喷口，我们可能会发现更多形式的微生物，每一种都有
自己的故事。因此，长久以来对深海怪物的搜寻，经过一条漫长而
迂回的路径，引导科学家开启了这场对微生物的探索，以及所有朝

如图所示，"海草"，即光合蓝细菌束毛藻属未定种（*Trichodesmium sp.*）的细胞，
形成被称为毛状体的细丝，聚集在大约 2 毫米的菌落中。伍兹霍尔海洋研究所的
研究人员发现，蓝细菌菌落通过为海洋中的低营养区提供氮来帮助浮游植物生长。

圣之旅中最根本的一种：对生命本身的起源的探索。微生物代表了地球上最古老的生命形式。有一种诱人的可能性，即今天正在研究的一些微生物还保留着最早生命形式的特征。迄今为止，微生物化石的年代可以追溯到超过 35 亿年前，远在恐龙和开花植物时代之前，那时地球上的海洋有时会达到沸点。巴洛斯指出，微生物学家很有可能发现与地球上最早生命具有某些相同遗传特征的微生物，研究它们可能有助于人们了解我们这颗水之星球的早期历史。巴洛斯称这是在寻找"基因化石"。当然，推动科学努力的还有潜在的经济回报。所谓的微生物勘探就是寻找能够在高温或高酸度下生存，或发展出了制造能量的新方法的外源酶。用巴洛斯的话说："这是一整个新型微生物的世界。"

在许多方面，深海热液喷口处最热门的发现是一种叫作古菌的特殊微生物。它不是细菌，尽管科学家们最初认为它是一种"古细菌"。美国微生物学家和生物物理学家卡尔·R. 沃斯（Carl R. Woese）从 1977 年开始第一个提出这种生命形式的独特性，并在 1990 年为所有生命提出了一个新的分类方案。古菌也许只算是某种不起眼的怪物，但科学家现在大多同意，它们是地球上一个独特的生命谱系。

人类上一次确认全新的生命分支是在 19 世纪和 20 世纪初，当时开始将把生物划分为动物或植物两个界的传统分类扩大到三个、四个，最后是五个界，以包括真菌、细菌和原生生物，原生生物包括藻类、变形虫、黏菌和原虫。

到 20 世纪末，随着五界方案的普遍使用，科学家将生命分为两个总的域：真核生物（动物、植物、真菌和某些单细胞生物，如草履虫）和原核生物（其余所有微生物）。在这个系统中，古菌与细菌一起被归入原核生物。然而，现在得到广泛接受和越来越多验证的沃斯提案对古菌的地位做了新的提升，将其列为生命的第三个域。因此，在新的系统中，生命的三个域分别是真核生物、细菌和古菌。

换句话说，古菌与细菌在基因和生物化学方面的区别就像它们

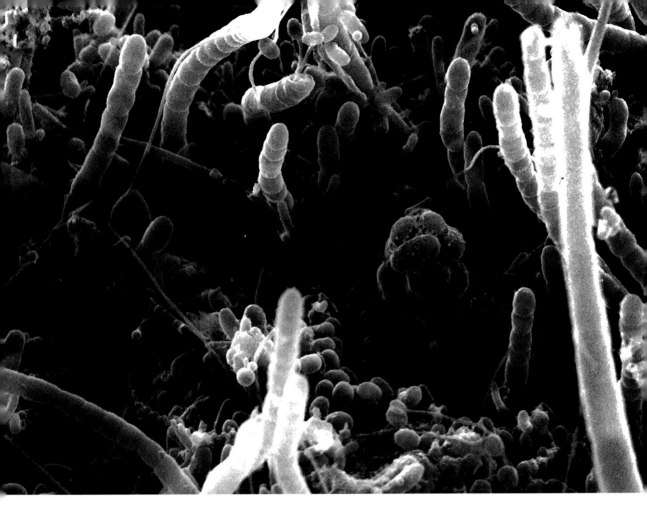

与大象甚至人类的区别一样大。就在 21 世纪到来之前，人类突然在海底和其他具有极端高温、寒冷、pH 和盐度的环境中意外发现了一种完全未知的生命形式。古菌因此与强大的细菌和地球上的其他生命并肩而立了。科学家对在太平洋热液喷口发现的一种古菌进行了基因组测序，从而证实了这种新生命形式的正当地位。它被命名为扬氏甲烷球菌（*Methanococcus jannaschii*），以纪念伍兹霍尔海洋研究所已故海洋学家、生物学家霍尔格·扬纳施，他是首次分离出这种能进行化学合成的热液喷口微生物并意识到其特殊性的科学家。以个人名字命名一个全新生命分支的第一个测序菌株是最高的科学荣誉。

古菌被称为"生命的极端主义者"，或"嗜极生物"（喜爱极端环境的生物）。从一开始，它们就不断出现在艰难的环境中，包

这些细菌为深海中远离太阳的整个生态系统提供能量。在管虫中发现的细菌与海水中的氧气和喷口热液中的硫化氢相结合，将硫化氢氧化，以此产生能量。

括热泉、间歇泉、油井、冰冻的极地海洋以及高碱、高酸或高盐的水环境中，而在这些环境中，很少有其他生物能够生存。古菌可以说是地球上最耐酸的生物，能够在 pH 值为 0 的环境中生长。温度高出任何其他已知生物所能承受的情况下，古菌不仅能生存，还能繁荣生长。目前古菌生存的最高温度纪录是由甲烷嗜热菌（*Methanopyrus kandleri*）保持的，它在高达 122 ℃ 的高温下还能茁壮生长。古菌也不受高度放射性元素的影响。不过它们也可以在"正常"条件下与漂流的生物一同生活，组成开放海洋中浮游生物的一部分，在那里它们似乎数量又多，种类又丰富。作为一个群体，古菌实际上还惊人地适应了陆地上的生活，无论在何种条件下。

最惊人的是，这种曾经被认为是罕见和孤立的微生物，现在估计占据了地球上 1.5% 的生物量。2012 年，俄勒冈州立大学安德鲁·瑟伯（Andrew Thurber）领导的科学家团队宣布，他们首次证明了其他动物可以而且确实在食用古菌。这一重要发现意味着古菌是食物网的一部分。事实证明，古菌也是人类微生物组的一个基本组成部分，在肠道、口腔和皮肤上都有发现。它们消耗温室气体甲烷。它们还是生活在临近北加利福尼亚州、俄勒冈州和哥斯达黎加的北太平洋深海冷泉中的蠕虫的食物，这些窦维沙蚕科（Dorvilleidae）蠕虫似乎用它们的牙齿来刮下岩石上的古菌。当瑟伯和他的同事试图通过脂质类型和其他机制来追踪古菌的消耗时，他们一无所获，因为化学物质和蛋白质在蠕虫体内分解了。科学家能够记录古菌被吃的唯一方法是通过追踪古菌所消耗甲烷的同位素生物标志物。

如果古菌研究能带来医学、可再生能源和环境清理方面的生物技术进步，并为我们的水之星球的早期历史提供线索，那就足够有价值了。同时，古菌还被证明在氮循环的生态系统中发挥了作用，并且是阻止海洋甲烷进入大气层的一个主要机制。深海含有大量甲烷，而古菌则能在其到达水柱之前就将它消耗掉。这在防止全球变暖方面的作用要大于所有财富 500 强公司的总和。

古菌的分类是一个新领域。对古菌基因组的分析集中在揭示古菌与其他生命形式共享的基因和区分它们独立的基因上。古菌的进化史与已研究过的任何其他动物无关。古菌中有五个已知的门，但许多古菌群体尚未被研究和分类。只有当科学家了解了更多古菌的特征时，他们才能完整掌握古菌的生活史和进化史。目前它们的物种目录只有几百条，但肯定会不断增加。

也许热液喷口工作最出人意料的结果是，起初仅想研究海底裂缝的地质学家，与原本只想了解巨型蛤蜊、贻贝和管虫，以及它们如何生存在远离阳光之处的海洋生物学家，现在开始合作。这些科学家然后又与那些从未想过要出海或研究海底生命的微生物学家开展合作。在世界各国，"古菌中心"已经成为大学生物系的一部分，研究人员在那里培养古菌并分析其特殊的细胞分子生物学特征。此类合作对这些新生命形式的起源和进化的研究也引发了关于在其他星球上是否可能有生命发展的争论。非常不可思议的是，形成这一全新生命谱系的生物体，这些微小的海洋生物，是在地球熔融岩浆室的缝隙中被发现的。我们可以说它们生活在地狱之门。

迄今为止，对于这一全新的古菌世界，我们只研究了拼图中微小的几块。与真核生物和细菌相比，古菌有待揭示的地方还有很多。我们不知道的东西远超我们的点滴知识。谁知道古菌可能还会带我们进行一场什么样的奇妙之旅呢？

◆

两雄一雌的三头虎鲸，游过挪威克里斯蒂安松和诺德摩尔附近的寒冷水域。它们每年冬天都会回到这里寻找鲱鱼。

第四部分

历数海洋居民

世界上第一位海洋生物学家亚里士多德毕生都在观察海洋，确定了大约 180 个海洋物种，包括甲壳动物、棘皮动物、软体动物和鱼类。对于海洋生物的命名和统计工作就是从这里开始的。

到 1749 年，42 岁的系统学先驱林奈［Linnaeus，原名卡尔·冯·林奈（Carl von Linné）］宣布，除植物、蠕虫、两栖动物和四足动物，大约还有 2 000 种鱼类和几百种其他海洋物种。林奈首创了物种命名的二名制，并在当时已经命名了大多数物种。他因其《自然系统》（*Systema Naturae*）系列而广为人知和备受尊敬，还自豪地宣布了他所认为的对不同生物的绝对判定，包括"世界上的 26 500 种生物"。

林奈过早地停止了统计，但他知道，对物种进行识别和分类是第一步。如果人类要想更多地了解这些生物如何生活，它们的栖息地需求是什么，以及它们对世界上最大的生态系统有何贡献，我们必须首先知道它们是什么。

从 1872 年到 1876 年，海洋动物学家查尔斯·怀维尔·汤姆森爵士指挥英国"挑战者号"皇家军舰进行了为期三年多的测绘和采集探险。这次全球航行发现了 4 717 个新的海洋物种，其中许多物种生活在 550 米以下，而这一深度曾被 19 世纪初的英国自然学家爱德华·福布斯认为不可能有生命存在（因为他只关注了欧洲水域）。

这种深海海参 *Laetmogone billetti* [1] 在 2013 年得到正式描述。它们生活在大西洋中脊的陡峭山坡上。这些分解深海腐殖质的"蚯蚓"中许多物种可以通过其骨片的数量和形状识别。骨片是位于真皮皮肤层内的微小骨质结构，看起来像浅色小点。

---

① 深海参科的一种。——译者注

汤姆森的航行是一个转折点。直到 19 世纪末，在博物馆工作的科学家一直在接收从远方收集的标本，并对它们进行评估和编目。在"挑战者号"探险之后，科学家们开始带着关于海洋动物的新知识自己出海进行采集。随着被发现和确认的新物种数量激增，世界生物的巨大多样性开始显现出来。

1959 年，被认为是现代生态学之父之一的英裔美籍动物学家 G. 伊夫林·哈钦森（G. Evelyn Hutchinson）在思考物种多样性的基本逻辑时问道："为什么会有这么多种类的动物？"答案部分在于地球上栖息地的非凡多样性，而哈钦森认为这种多样性主要是基于陆地的。他估计全球可能有约 100 万个物种，其中 75% 是昆虫。即使物种如此之多，"最好的消息"是所有物种中只有很小一部分生活在海洋中，尽管生命起源于海洋，并且我们生活在一个水之星球上。

我们不清楚哈钦森是否知道鱼类学家约翰·E. "杰克"·兰德尔（John E. "Jack" Randall）。20 世纪 50 年代，兰德尔开始了寻找和识别海洋物种的长期工作，一直持续到他在 2020 年 95 岁时去世。在 60 多年专注的海洋勘探生涯中，兰德尔创下了发现 30 个新属和 834 个新海洋物种的纪录，比历史上自林奈以来的任何其他分类学家都多。

大多数大型海洋哺乳动物都是在林奈的时代被确认的，物种的某些澄清和区分也随着 20 世纪鲸鱼研究的加强得以实现。但今天发现的新物种不仅仅是鱼类和奇怪的无脊椎动物。自 2002 年以来，根据新发现或重新分类的材料，太平洋和印度洋的四个新的喙鲸物种被命名。就在不久前的 2014 年 2 月，多亏对在西太平洋找到的鲸肉和骨头的 DNA 采样，被遗忘的霍氏中喙鲸（*Mesoplodon hotaula*）被重新确立为一个独立物种。在西北太平洋，另一个新的喙鲸物种在 2019 年被宣布：小贝喙鲸（*Berardius minimus*）。

拥有庞大的体型和需要浮出水面呼吸的特点，鲸鱼物种是如何躲在海洋中长时间不被探测和发现的？在迄今为止发现的 23 种喙鲸中，大多数都生活在远离陆地的开阔海洋，每次潜水一小时或更长时间，而且一般都避开了人类对它们的寻找，更不用说识别了。大多数喙鲸物种不能在海上被确定地识别。研究人员必须在海滩上找

现在是一月份，在南极半岛附近的杰拉奇海峡，一头庞大的 B 型虎鲸盯上了一只能一口吃下的威德尔海豹。已知这种南极生态型虎鲸以海洋哺乳动物为食。它制造海浪将海豹从浮冰上冲到水中，在那里它们很容易被抓住。

上图显示了为什么虎鲸最初被称为"鲸鱼杀手"（whalekiller）[后来前后倒置成了"杀手鲸鱼"（killerwhale）]。一头南极A型虎鲸在骚扰一头成年南极小须鲸（*Balaenoptera bonaerensis*），阻止这头体型较大的鲸鱼潜水逃跑。这种生态型的南极虎鲸的主要吃小须鲸和偶尔出现的南方象海豹。

到一个雄性头骨，因为在喙鲸中，只有雄性有标志性的牙齿，可以用来进行确定性的识别，而在大多数情况下，还要通过仔细的检查来识别。喙鲸科学家，如史密森学会的詹姆斯·密德（James Mead），认为很可能还有更多未被发现的喙鲸物种存在。鲸鱼、海豚和鼠海豚（鲸类）分类学家威廉·佩林（William Perrin，有一个新的喙鲸物种就是以他的名字命名的）估计，还有一到五个鲸类物种有待发现。

随着新的发现不断出现，对鲸鱼、海豚和许多鱼类、无脊椎物种的遗传学研究中已经更正了传统动物学家做出的一些物种命名——传统动物学家主要根据头骨，特别是牙齿来定义物种。外部的身体形状对于识别仍然重要，但遗传学有能力调整，有时甚至改写以前的发现。遗传学工作可能很快就会拆分掉几个著名的鲸鱼和海豚物种，如虎鲸。

有吃鱼的北太平洋"居留型"虎鲸、吃海洋哺乳动物的"过客型"虎鲸（或称"大虎鲸"）以及吃鲨鱼的"近海"虎鲸：南极虎鲸的三种生态型分别以南极犬牙鱼、企鹅和小须鲸为食。在其他大洋可能有更多的虎鲸生态型。与美国研究人员罗伯特·L.皮特曼（Robert L. Pitman）一起，荷兰出生的插画家乌科·戈特（Uko Gorter）制作了一张海报，展示了不少于10种虎鲸的生态型，5种在南半球，主要在南极洲周围，还有5种在北半球。其中至少有几种，也许是大多数，可能会被证明是独立的物种。尽管不同生态型的虎鲸可能有部分相同的生活区域，并不时会在海中相遇，但它们并不联系或用声音交流。它们有完全不同的方言，并且似乎把彼此当作不同的物种对待。因此，除了遗传证据和不同的生理特征外，还有有力的文化证据，即大相径庭的进食习惯和方言，来支持再度划分虎鲸物种的观点。给予动物单独一个物种的地位为认识到它们的保护需求提供了基础。对物种在成熟年龄、后代数量、生长速度和繁殖单位大小等方面的判别，为自然保护生物学家提供了他们需要的数据，以评定物种的易危性。

在 20 世纪 90 年代末，纽约市洛克菲勒大学和阿尔弗雷德·斯隆基金会的杰西·奥苏贝尔（Jesse Ausubel）与新泽西州立罗格斯大学的海洋科学家弗雷德·格拉斯尔（Fred Grassle）在一起喝啤酒。奥苏贝尔问格拉斯尔的第一个问题是，他认为有多少物种生活在海里。格拉斯尔曾为一本详细介绍当时最新的联合国环境规划署对全球生物多样性评估的书写过一个关于海洋多样性的章节。格拉斯尔回答说，没有人知道，即使只估算最接近的 10 的幂指数，也没人知道是多少；并且他不好意思地承认，没有一个关于"能在海洋中找到什么"的清单，哪怕连一个有效的统计起点都找不到。

格拉斯尔对奥苏贝尔透露的实情引发了一个项目的想法，即统计"海中所有的鱼类"。它很快扩展为一项雄心勃勃的事业，旨在统计海洋中的一切！在吸引公众、资助单位和提供支持的机构方面，还有什么比试图寻找和识别所有海洋动物的想法更简单、更有力呢？当众人围绕这个想法的激情开始升温时，阿尔弗雷德·斯隆基金会提供了 7 500 万美元的巨额资金来资助这个后来发展成为期 10 年的项目（2000—2010）。很多大学和海洋学机构都承诺提供船只和船时。该项目被称为"海洋生物普查"，其目标是评估和收集所有关于海洋生物的多样性、分布和丰度的信息。在各种研讨会和会议上，来自许多国家的科学家和决策者开始计划这一全球性的项目，很明显，这必将是一项多学科、多国家、耗资数百万美元、花费多年努力的事业。60 多年来，美国国家航空航天局（NASA）一直在资助美国的太空计划，而庞大的政府国防预算则拨给了"应用科学"，现在是时候让"大科学"对深海进行至少一次象征性的访问了。它将不止是象征性的，因为最后的价签是 6.5 亿美元。

◆

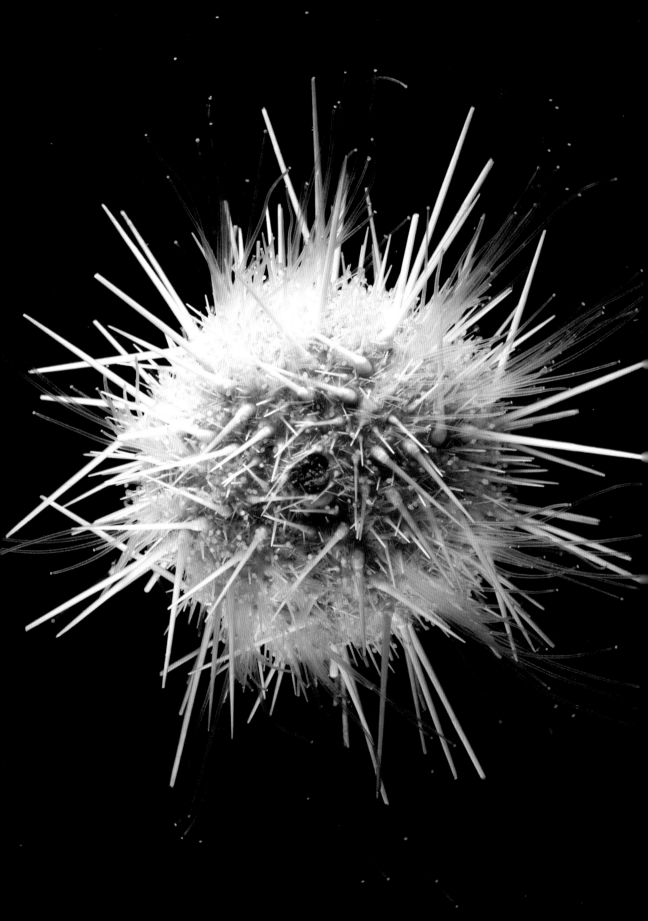

海洋生物普查

2000 年是 10 年探索发现的开始。在 20 世纪的最后几年里，有一系列对深海热液喷口的考察，包括加拉帕戈斯裂谷上的玫瑰园，以及蛤蜊田、地狱之洞、蛇坑、好彩、断刺和摩斯拉热液区等，这些考察已经打开了一个全新的世界，那里有全新的动物和生态系统。然而，自 2000 年以来，研究人员又在南太平洋和北至北极地区发现了更多新的喷口，这些地方以前没有为人所知的喷口。研究人员记录了更热的喷口，温度高达 407 ℃，以及更深的喷口，低至水面下 4.9 千米，而且他们在每个热液场都发现了许多新物种。

深海热液喷口的探索只是海洋生物普查工作的一部分。总共有来自 80 个国家的大约 2 700 名科学家和他们的支持团队在 17 个项目领域开展了工作，工作分为三个主要范畴，分别为：过去的海洋（曾经生活在海洋中的生物）、现在的海洋（当前生活在海洋中的生物）和未来的海洋（将会生活在海洋中的生物）。

加拿大海洋生态学家保罗·斯内尔格罗夫（Paul Snelgrove）曾是弗雷德·格拉斯尔的博士生，工作最初集中在海底的沉积生态系统上。他在自己的《海洋生物普查的发现：使海洋生命得到重视》（*Discoveries of the Census of Marine Life: Making Ocean Life Count*，剑桥大学出版社，2010）一书中介绍了这次普查工作。斯内尔格罗夫现在是纽芬兰纪念大学的教授，也是加拿大健康海洋网络的负责人。随着越来越多地参与到海洋生物普查工作中，斯内尔格罗夫开

2011 年 11 月，在印度洋的一座珊瑚海山上发现了这只身份不明的深海海胆。它用脚上的吸盘抓取食物，再用牙齿刮下碎片，把它们塞进位于身体底部的嘴里。这些海底的"豪猪"中许多都带有毒刺。

始把自己的研究扩大到其他海洋生态系统和项目领域。

据斯内尔格罗夫介绍，"过去的海洋"试图找到一条衡量海洋中多样性损失和其他生态系统变化的基线，这些变化中最明显的是商业鱼类资源的严重减少。这一损失可以通过最大鱼体尺寸每十年的大幅下降，以及诸如 1992 年纽芬兰大浅滩的规模巨大的鳕鱼渔业崩溃等事件来证明。

然而，大多数项目都属于"现在的海洋"这一范畴，并进一步细分为地理区域、全球分布和动物活动。研究人员在北美洲和东热带太平洋周围已经被充分研究的区域上花了一些时间，在北极和南极的大陆架上花了很多时间。虽然 42% 的海洋大陆架位于极地水域，但与温带和热带大陆架相比，对这些地区的研究相对较少。研究人员在地图上寻找没有很好地在数据库中体现的区域，试图离开沿海、表层和浅水水域，进入未知的大陆架外和近海的远处以及海洋深处。他们知道，海洋太广袤，因此不能奢求掌握其居民的全部多样性，但他们希望覆盖尽可能多的区域。

追踪太平洋捕食动物工程（Tagging of Pacific Predators，TOPP）是一个备受瞩目的项目，跟踪了鲨鱼、金枪鱼、海龟、海鸟、海洋哺乳动物和其他顶级捕食者，以发现它们的行动轨迹和它们如何利用海洋。这种研究有助于确认动物种群的关键栖息地和迁徙通道。在斯坦福大学教授和海洋生物学家芭芭拉·A. 布洛克（Barbara A. Block）领导下，TOPP 的研究人员追踪了灰鹱，它们从新西兰附近的遥远南部水域迁徙到北极的白令海，仿佛在追逐一个无尽的夏天。研究人员还从加利福尼亚追踪白鲨进入太平洋深处，在去夏威夷的中途，鲨鱼聚集在一个号称"白鲨咖啡馆"的大洋中点，然后回到加利福尼亚沿海，在容易到达的沿海海豹和海狮聚居地捕捉它们。TOPP 还跟踪了棱皮龟和红海龟，它们在印度尼西亚沿岸以及西太平洋的其他地方繁殖和孵化，此后幼体畅游在太平洋里，在加利福尼亚海岸附近以丰富的水母为食。

TOPP 在加利福尼亚洋流中发现了一片片热点地区，这些地方大量富含营养物质的上升流助长了大规模的浮游动物、鱼类和鱿鱼

种群。这些热点地区创造了许多适合的生境，各种动物无需同时竞争相同的食物。物种要么有彼此不同的食谱，要么是在不同的时间、季节或深度捕食。

布洛克和她的同事们猜测，他们观察到的捕食动物分布模式表明捕食者或其猎物在水温偏好和接触更丰产区域之间存在权衡关系。

正如斯内尔格罗夫所说，TOPP 的总体发现是："曾被认为是任意游荡的物种实际上有明确界定的厨房、卧室、走廊和育儿室。"这些"生活空间"似乎是相当固定的。"厨房"也一直在相同的区域被发现。不过，该研究确实发现，对于某些物种，海洋的变化，如季节性上升流的延迟，会影响"厨房"的位置，甚至是食谱选择。

在加利福尼亚海岸附近，加利福尼亚海狮通常待在离家很近的岸边岩石上，外出不超过一天。但是，当家附近的日常鱿鱼和鳀鱼供应不足时，它们会愿意出游达 480 千米远，并且把食物改成沙丁鱼和石斑鱼。因此，海狮可能在它们的摄食习惯上有一些内在的灵活性，在

这只属于管水母的玫瑰花篮水母（*Athorybia rosacea*）像一朵精致的粉红色花朵，只有 2.5 厘米宽。它是一种肉食性集群动物，用刺细胞捕猎。2006 年，海洋浮游动物普查航行（海洋生物普查的一部分）的潜水员在马尾藻海的海面附近发现了它。

气候变化影响到它们的食物供应时，这种灵活性能使它们具有优势。但是，如果海洋变化迫使海狮和其他物种前往无法预测的地点，那么海洋保护区的设计者和管理者可能会面临更加复杂的情况。他们将不得不扩大现有的海洋保护区或创建灵活的海洋保护区网络。

在"现在的海洋"小组的 12 个普查项目中，有 5 个聚焦于深海，范围包括深渊平原、热液喷口和冷泉、大洋中脊、大陆边缘与海山。这些项目几乎可以保证发现许多新物种，还有可能登上《科学》和《自然》的封面。至少，它们将为很多网络写手提供极好的素材。

"未来的海洋"的任务是监测和使用由"过去的海洋"和"现在的海洋"获得的大量信息。在 20 世纪 80 年代末，哈佛大学教授爱德华·威尔逊梦想有朝一日"地球上每个生物物种都有一个电子网页，在任何地方都可以通过指令单次访问"。当时互联网还很年轻，访问量有限。"生命大百科全书"（www.eol.org）的物种页面实现了威尔逊的梦想，提供与已出版文献和灰色文献（已出版书籍和期刊领域之外的信息）的链接，从而减少了研究之前进行耗时的文献调查和向遥远的图书馆提出请求的需要。

除了"生命大百科全书"，其他普查伙伴项目包括世界海洋物种目录（WoRMS）——一个海洋物种分类信息数据库（www.marinespecies.org），以及海洋生物地理信息系统（OBIS）——一个向公众开放的数据库，将全世界对于海洋物种的知识汇总并呈现在地图上，用于保护生物和规划保护区（www.obis.org）。

然而，即使有了这些工具，所有生物多样性研究的最大瓶颈和普查工作的最大限制因素，如斯内尔格罗夫所说，在现在、过去和将来都是分类学。

斯内尔格罗夫说："准分类学家，即那些对分类学有着有限知识的人，数量增加了，但真正经验丰富的顶级分类学家人数并未增多，并且随着专家的退休还在不断减少。因此，尽管分类学论文的作者数量增加了，但这些作者中的大多数是一些帮助收集材料的人，并没有什么描述新物种的能力。"现实情况是，我们需要更多的分类学家来研究生命的每一个分支。

在林奈时代之后的一些年里，描述一个物种就是发现某种人们此前从未见过的东西，然后给这一发现起个名字。这个名字通常是反映发现的地点或情况，纪念已故的同事或旧爱，或是与个人对该物种印象有关的异想天开。

如今，发现和命名往往只是整个过程中的起点和终点，而且完全分开。更为重要和耗时的工作是评估潜在新物种的外部和内部软硬解剖结构。传统上，这基于对身体形状和骨架的评估，主要是头骨部分，特别强调牙齿。今天，它包括 DNA 分析和与相关物种基因档案的仔细比较，包括今天还活着的物种和已经灭绝的物种。通过这种方式，分类学家开始发现该物种的进化史，即它的种系发育史。只有当分类学家能够把一个物种嵌入所有现存或曾经生活在我们星球上的物种组成的宇宙中它所合适的位置时，我们才能说这个物种真正得到了识别。

尽管永远无法获得完整的信息，但分类学家利用他们已有的工作，发现已知物种中脱节的个体，并试图将缺失的物种归到合理的位置。他们从比较容易的门和纲开始，然后再到目、亚目和属。专心致志的生物学家也可能需要 10 年或更长时间来做必要的历史侦查工作，包括与世界各地的博物馆联系，参加与其他专家的会议或研讨会，然后他们才能为一个新的物种命名或拆分一个现有物种，并从同事那里得到必要的支持。

为了缩短识别过程，海洋生物普查认识到需要新的基因组学技术来识别物种，特别是精细到微生物层面时。海洋生物普查的早期，科学家们得知了加拿大圭尔夫大学进化生物学家保罗·赫伯特（Paul Herbert）的工作，他正在开创一种基于微小 DNA 片段的物种识别方法。赫伯特假设，每个物种都可以通过某个基因的前 648 个单位来识别。该技术很快就被称为 "DNA 条码技术"，源于在收银台区分从书籍、电池到麦片等各种商业产品的通用产品编码。举例来说，一个物种可能在雌雄之间存在差异，但具有相同的 DNA 条形码，或者可能表面上与另一个物种相似，但拥有的条形码表明是两个不同的物种，在这些情况下，DNA 条码技术就能够快速识

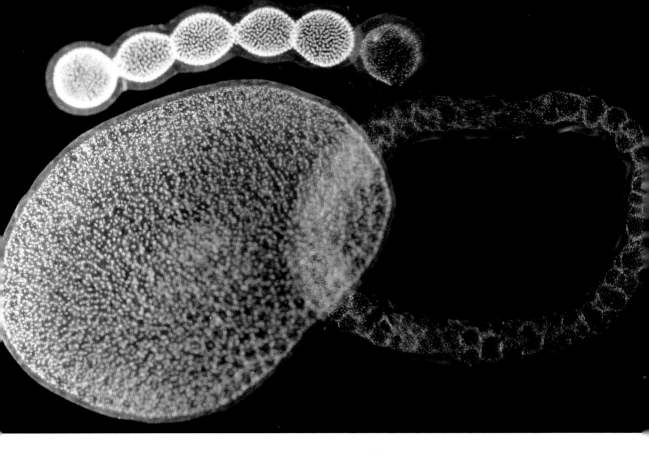

别该物种。

在海洋浮游动物普查中，伍兹霍尔海洋研究所的研究人员发现这些生存于马尾藻海圈状、链状和球状的生物是常见的浮游动物，称为集群放射虫。它们大约1厘米长，每个形状代表数百个被嵌在果冻状物质中的单细胞动物。它们随着表层水流漂流，可以进行光合作用。值得注意的是，它们还捕食其他小型浮游生物。

但许多分类学家对赫伯特的捷径感到不满，认为这不是正确的分类学。达尔文曾说过，一个物种是由一群专家确定并同意才成为一个物种的。然而，包括各组海洋物种的分类学家在内的专家小组根本没有一致的意见。

尽管如此，DNA条码技术还是被采纳作为普查工作的一部分，而且事实证明它有很大的价值。虽然不能仅仅根据条码身份授予新物种地位，确认一个新物种仍然必须经过特定生物群体的分类学专家论证和商定，但是这一过程加快了边在海上收集物种边对它们进行识别的工作进程，已有约9万个海洋物种被录入电脑。

在海洋生物普查10年的发现工作中，大约开展了540次海洋探险活动以探索海洋物种的分布、丰度和多样性。尽管起初进展缓慢，但结果已颇有成效。这些考察活动及其前后的工作总共花费了6.5亿美元，收集了3 000万份样本。这相当于每个样品花费了略高于 20 美元。

由于太多的工作遍布已知和未知的海洋，从事普查的科学家们意识到，对工作的巨大范围和程度做一个概述将是很大的挑战，更不用说向公众介绍了。

在解决这一难题上，保罗·斯内尔格罗夫功不可没。在普查接近尾声时，斯内尔格罗夫被委以重任，汇总所有多样而广泛的结果。截至那时，普查已产生了 2 600 多篇科学论文，但只有每个学科的专家才会阅读。普查项目需要以一种易懂的、跨学科的方式向所有参与的科学家和资助人以及普通公众汇报工作情况。斯内尔格罗夫回到自己的办公室，通过阅读论文、发送后续电子邮件，并与同事交谈来准备他的综合报告。这些工作促使他写成了《海洋生物普查的发现：使海洋生命得到重视》一书。

在 TED 演讲中，斯内尔格罗夫分享了普查参与者的总体感受，他们都对商业鱼类种群的状况和近岸生态系统的退化深感忧虑。但他也提到，此次普查同时也揭示了海洋的非凡多样性，富含大量全新和惊人的物种，并显示出"海洋中的生命是多么顽强"。

这种顽强包括热液喷口动物的多样性。这些动物在我们大多数人认为类似于水星向阳一面的条件下生活却能茁壮生长，但它们在很大程度上是独立于太阳和光合作用而生活的。海洋普查还发现了一个被认为在 5 000 万年前就已经灭绝的物种——侏罗纪虾。它在澳大利亚沿岸被发现，并且活蹦乱跳、生机勃勃。

普查还在大西洋中脊上方的深海水域发现了一种新的大鳍鱿鱼，有时也被称为长臂鱿鱼。大鳍鱿鱼归在巨型鱿鱼属（*Magnapinna*），是海洋中最奇怪和最鲜为人知的鱿鱼之一。它有 7 米长，是海洋普查中遇到的较大的新物种之一。大鳍鱿鱼的触手和触腕都一样长，在鱿鱼中独一无二，能达到外套膜长度的 20 倍。这些附肢以垂直于鱿鱼身体的角度向外伸出，看起来就像人的"肘"一样。这种鱿鱼仍有待命名，它被认为是巨型鱿鱼属中的第五个物种。研究人员推测，它的捕猎方式是在海底拖拽其长长的触腕和触手，用底部抓取猎物。目前还没有获得过成年的大鳍鱿鱼。截至 2020 年，全世界只有 12 次目击事件，其中 5 次（2015—2017）在大澳大利亚湾的发现使科学家得以拍到这种生物的第一批视频。这些视频是用拖曳式相机在水下 3 千米深处拍的，从视频中可以看到大鳍鱿鱼的起伏动态，它们边游边拍打着巨大的鳍。

这些生物以前怎么会被错过呢？答案很简单，研究人员没有在这种动物生活的深海中花足够的时间。即使大鳍鱿鱼被发现搁浅在海滩上或被渔民打捞上来，如果没有鱿鱼专家在场进行识别，那么这一事件也不会被记录在案。

2010 年，在海洋生物普查 10 年即将结束时，斯内尔格罗宣布，到那时为止，研究人员在海洋中发现了大约 6 000 个新物种，而当时对多样性的估计约为 22.6 万个物种，但不包括细菌、古菌和其他主要是单细胞的微生物。斯内尔格罗夫在他的 TED 演讲中报告，科学家认为他们认识大约 9% 的海洋物种。"这意味着 91% 的物种，即使在海洋生物普查之后，仍有待发现。当所有工作都完成后，那就是大约 200 万个物种。所以在探索未知方面，我们要做的还非常多。"

为了进一步细化对已知和未知的海洋物种总数的估计，环境生物学家沃德·阿佩尔坦斯（Ward Appeltans）和 117 位同事在 2012 年 12 月汇编了一篇详细的论文，其中每位作者都报告了不同种群当时的状况。

阿佩尔坦斯和他的同事们回顾了以前对海洋物种多样性的所有预测，这些预测给出的数字从 30 万到超过 1 000 万种不等。他们考虑了同义词带来的巨大问题：很多时候，五花八门的科学名称实际上都是在描述同一个物种。阿佩尔坦斯等人的论文报告了大约 17 万个已知的同义词。

例如，大王鱿曾被赋予了多达 21 个物种名称，因为许多研究人员太急于在描述这种深大王鱿海终极生物的论文中附上他们的名字。在 20 世纪 80 年代，研究人员将这一数字减少到不超过 3 个物种。2013 年，遗传学研究显示，只有一个物种，即大王鱿（*Architeuthis dux*）。最初的巨型鱿鱼，它现在至高无上，并且独统天下。

最令人振奋的是，阿佩尔坦斯和他的同事们总结出，在海洋普

查的 10 年中，有多达 2 万个物种被描述，每年 2 000 个，或每天 5.5 个。这是斯内尔格罗夫在两年半前的 2010 年进行综合分析并总结出的数字的 3 倍多。专家们确定有大约 58 000 到 72 000 个物种仍在等待正式研究和描述，其中许多也可能是新物种。

阿佩尔坦斯等人写道："每年由越来越多的作者描述的物种比以往任何时候都多。"他的小组审查各种估计，并从每个物种专家那里得到预测，最后估计出有 482 000 到 741 000 个物种有待发现。这使海洋的绝对多样性大约在 70 万到 100 万种之间。虽然这个估计值远远低于斯内尔格罗夫的 200 万和弗雷德·格拉斯尔最初猜测的 1 000 万，但未来的海洋生物学家和分类学家仍然面临着一项重大任务。

按照目前每年 2 000 个新发现和分类指定的速度，对所有海洋生物进行编目的任务理论上可能还要持续 240 年到 370 年。根据较低的多样性估计，这一工作将延续到 23 世纪中期，而根据较高的估计，工作将延续到接近 24 世纪末。但阿佩尔坦斯和他的同事更

这块深海软珊瑚——花羽软珊瑚属未定种（*Anthomastus sp.*）可能是一个新物种，于 2011 年 12 月在印度洋的一座珊瑚海山上被发现。与它共同生活的是一种共生的刚毛虫，或称多毛虫，是一种海洋环虫。

加乐观，他们在论文中暗示，目前的识别方法可以加快，那就会使"大多数物种在本世纪被发现"。

事实是，没有人知道海洋多样性的真正程度，研究人员过去的估计差得远了。而且，在微生物中存在着更大的差距。无论细菌、古菌和其他大多为单细胞的微生物的生物体是否被视为单独的物种，它们的多样性还未被掌握。斯内尔格罗夫在他的 TED 演讲中暗示了与微生物研究有关的巨大未知领域。他展示了一种细菌，这种细菌属于在智利海岸发现的微生物席的一部分。斯内尔格罗夫说："这些微生物席覆盖的面积相当于希腊大小。这种特殊的细菌实际上是肉眼可见的，但是你可以想象它所代表的生物量。微生物的真正有趣之处是它们巨大的多样性。仅仅一滴海水就可能包含 160 种不同类型的微生物。而海洋本身被认为有可能包含多达 10 亿种不同类型的微生物。因此，这真的令人兴奋。它们都在那里做什么？我们不知道。"

据计算，微生物占海洋总生物量的 90% 之多。微生物甚至延伸到了海底，有些被发现生活在海底以下数百米的地方。这意味着，所有的鲸鱼、鲨鱼、金枪鱼和其他鱼类以及许多大大小小的无脊椎动物，包括所有的鱿鱼和数量奇多的水母，加在一起只占海洋生物量的 10%。地球上最常见的生命形式不是智人，也不是普通的家蝇，更不是拥有数百万蚁群的任何蚂蚁物种。它也不是无处不在的桡足动物。最常见的生命形式是一种叫作 α - 变形菌的微生物。

未来几代海洋生物学家和自然保护主义者将迎接的可能是发现我们星球上生命的最后一个伟大振奋的时代。让我们希望他们中的一些人能够像爱德华·威尔逊、埃迪·维德、西尔维娅·厄尔、詹姆斯·卡梅隆、辛迪·李·凡·多弗、保罗·斯内尔格罗夫和理查德·埃利斯那样讲述动人的故事，这些人所讲过的那些故事将目前深海中大小生物的多彩画廊展现得栩栩如生。

海洋生物普查是一个良好的开端。为了保持这一势头，斯内尔格罗夫和他的同事们试图组建一个名为"变化中的生命"的后续项目，但这一倡议未能获得资金支持。

同时，一般的海洋研究，特别是深海调查仍在继续，科学家和

机构之间有了新的合作，其中有些是从海洋普查工作发展而来的，有些则是独立的。深海摄影师戴维·谢勒（David Shale），也是BBC《蓝色星球》系列的老牌摄影师，与深海生物学家乔恩·科普利（Jon Copley）和亚历克斯·罗杰斯一起参加了2011年11月乘坐英国"詹姆斯·库克号"皇家研究船去往西南印度洋脊的考察。

他们在西南印度洋的龙旂热液区发现了一些新物种，其中有一种海螺，被亲切地称为鳞足蜗牛。它生活在热液喷口的烟囱上，经常被发现与多毛虫在一起，多毛虫有时会附着在它身上。它有一只特殊的脚，上面覆盖着盔甲状的鳞片，也许是为了保护它不受极热的水和从火山海底蒸腾出来的硫化氢伤害。像工作靴一样的保护鳞片也可能使其不受掠食者喜欢。其实，10年前在中印度洋脊就曾发现过它，但没有进行科学描述。现在它已被命名为"鳞足螺"①

作为科学上的新发现，这种生活在龙旂热液区热液喷口烟囱上的生物被确定命名为"鳞足螺"，是唯一已知使用铁作为防御的动物。硫化铁武装了其外壳和脚上的鳞片，保护它不受捕食者和热水高温的伤害。注意看，一条多毛虫生活在它的脚上，形成一种共生关系，称为"偏利共生"，因为它被认为对蠕虫有利而对鳞足螺无害。

---

① 或译为"鳞角腹足蜗牛"，不确。"鳞角"当为"鳞脚"，然而腹足动物一般称"足"不称"脚"；且蜗牛属于腹足类，"腹足蜗牛"有语义重复之嫌。故对这一物种最准确的翻译是"鳞足螺"。——译者注

上图中是一个开壳的深海贻贝 *Bathymodiolus indica*，图片显示它的内部有一种新的多毛鳞沙蚕虫在与其偏利共生。这些软体动物构成了生活在西南印度洋龙旂热液区的烟囱和黑烟囱周围动物群落的一部分，科学家在 2011 年 11 月对这里进行了考察。

（*Chrysomallon squamiferum*），类型标本指定为来自西南印度洋脊。

谢勒还拍摄了另一个新物种，生活在龙旂热液区的鳞足螺旁边：基瓦属未定种的雪人蟹，因其成片的刚毛而得名，这些刚毛是用来收集化学合成细菌的，一般认为，摄取化学合成细菌是雪人蟹的一种便利的食物来源。其他喷口也出现了不同种类的雪人蟹，但这一种还没有得到它的完整学名。还有一种光滑的腹足动物"神盾螺"，属于一个全新的属和种：*Gigantopelta aegis*。此外，在贻贝 *Bathymodiolus indica*[1] 中发现了一种与其共生的新型红色鳞沙蚕虫。这种鳞沙蚕虫还没有被正式描述，目前被称为 *Branchipolynoe dracovermis*。在同一地点，还发现了一种新的白色的自由生活的鳞沙蚕虫 *Branchinotogluma lancellotti*[2]。科学家们正在继续理清其他被

---

① 一种深海偏顶蛤。——译者注
② 多鳞虫科的一种。——译者注

怀疑是新物种的生物，如有柄藤壶和指参属（*Chiridota*）的海参。

在这段洋脊和其他地方已经发现了大批奇怪的热液喷口新物种。这些生物都不像中层带和深海的鱼类那样使用生物发光，也不像鲸鱼那样利用声学与它们的世界互动。热液喷口物种是按照另一个世界的规则生活的。

2011 年西南印度洋脊的考察还调查了附近的海山：珊瑚（Coral）、梅尔维尔银行（Melville Bank）、无名之中点（Middle of What）、银鳕鱼（Sapmer）和亚特兰蒂斯（Atlantis）。在那里，科学家发现了许多从未拍摄过的物种，其中一些是科学界的新物种，例如在欧洲水域已知的棘柳珊瑚科（Acanthogorgiidae）中，在那里又发现了一种新珊瑚。

2011 年的西南印度洋脊考察是 2009—2011 年的一系列南大洋考察之一，由牛津大学保护生物学教授亚历克斯·罗杰斯领导，参加考察的还有来自英国南极调查局、伍兹霍尔海洋研究所和英国南安普敦大学、布里斯托尔大学和纽卡斯尔大学的一组研究人员。一个关键的探索区域是南极洲附近的东斯科舍洋脊。参与海洋生物普查的科学家已经表明，深海八腕亚目动物会利用南大洋去往大西洋、太平洋和印度洋。罗杰斯和他的同事们想测试这样一个理论，即螃蟹、蛤蜊、虾、蜗牛和其他热液喷口群落中的物种也可能同样通过南大洋来跨越不同的大洋盆地，从一个喷口转移到另一个喷口。

几个星期以来，罗杰斯的团队采用了各种方法探索该地区，并惊讶地发现了一个独特的物种群落——显然是该地区的特有物种。小组报告说："这些物种包括另一种新型雪人蟹，被命名为 *Kiwa tyleri*，在当地极为密集；此外还有盾旋螺科（Peltospiridae）海螺、帽贝、有柄藤壶、海葵、蜘蛛蟹和章鱼。研究结果表明，南极代表了一种截然不同于其他地方的喷口群落，而且预期中与其他喷口系统的联系并不存在，可能是因为喷口周围水域的极端低温。"

有时，推翻一个假说甚至比证明它更令人兴奋。

◆

为海洋生灵找到宜居地

2 0 多年来，我的大部分工作时间都花在试图确认和保护鲸鱼、海豚和其他海洋生物的栖息地上。对我来说，这项工作甚至开始得更早，从 20 世纪 80 年代我努力保护北太平洋温哥华岛北部附近的虎鲸休息区和摩擦海滩（rubbing beach）① 就开始了。与其他研究人员和保护主义者一起，我花了 10 个夏天的时间研究几个虎鲸群，其间我们开始了解它们的习惯和最喜欢的栖息地。当加拿大那时最大的伐木公司麦克米兰·布洛德尔公司宣布它将在大多数虎鲸聚集的位置吊运原木时，我们放下了日常工作，让全世界知道即将发生的事，并且成功保护了罗布森湾的一片虎鲸栖息地。后来我们清楚地意识到，当初应该要求一个更大的保护区，附带更有力的管理规定。可惜那时我们没有考虑那么多。

此后，我们保护鲸鱼和海豚栖息地的努力扩展到了每个海洋，从地中海到南极洲的罗斯海。除了开展保护运动，我还委托并参与了一些研究项目和考察活动，帮助制作纪录片，接受视频和纸媒记者的采访，并与两个环球帆船赛联系，使人们重视保护海洋栖息地的必要性。我出版了两版《鲸鱼、海豚和鼠海豚的海洋保护区》（*Marine Protected Areas for Whales, Dolphins and Porpoises*，2005 和 2011），并且通过大量讲座、博客、推特和其他文章来推动创建和运营有效的"鲸鱼和海豚家园"的工作——这项工作仍处于起步阶段。

我一直专注于鲸鱼、海豚和其他海洋哺乳动物的栖息地保护，

---

① 摩擦海滩：在一个摩擦海滩，岩石的形状和大小以及海滩的坡度正好适合虎鲸前来，在浅水中贴着水底滑行，这种行为可能部分是仪式，部分是按摩，也许还有其他神秘原因。——译者注

一头座头鲸母亲和幼崽在南太平洋汤加附近的繁殖地紧紧地靠在一起。

亚里士多德观察并记述了海豚，可能包括上图的普通海豚（*Delphinus delphis*），即短吻真海豚。它们曾经在希腊附近的水域大量出现。今天，这一物种在整个地中海都处于极度濒危的状态。它们的一个主要栖息地在西地中海的阿尔沃兰海，该海域已被提议作为真海豚和其他七个鲸鱼和海豚物种的保护区。

因为它们是极具魅力的前哨物种，能激发保护它们的流行的公众运动，从而也能为大量分享它们广阔栖息地的其他物种带来保护。鲸鱼和海豚因为需要呼吸而离不开水面，并且明显处于食物链顶端，因此能为我们提供关于海洋生态系统健康的线索。在某种意义上，它们代表了所有已知和未知的不同物种，正是物种的共同作用创造了海洋和我们星球所依赖的各种自然功能和服务。

我和同事们着眼于大局，但其中也包含一切小事，即构成一个生态系统的所有进行复杂相互作用的环节。我们正在意识到，我们对物种、栖息地或生态系统，以及它们如何完美统一越无知，就越要把眼光放长远，要划出更大的保护区以对冲这种无知。今天，政策制定者和政治家们越来越认识到科研的价值和局限，以及用行动来应对的必要性。

海洋以其巨大的体积代表了地球上 99% 以上的生存空间。深海和远洋的生态系统，如支持鲸鱼和海豚的生态系统，在海面和海下延伸的范围广而深，动物和生态系统的非凡多样性还有待发现和了解，本书的介绍只是管中窥豹。

海洋虽然广阔，但它是一个流动的世界，永远在运动。我们需要认识到这一点，以掌握海洋生态系统的性质，并了解动物如何利用它们。例如，许多海洋哺乳动物、鱼类和海鸟都在有营养丰富的上升流的海面处觅食，这些上升流使浮游动物和鱼类依赖的浮游植物得以爆发。食物丰富的区域每年都在变化，甚至在一个季节内也会随着洋流、温度和盐度的变化而改变。

支持鲸鱼和海豚的生态系统延伸到内陆很远处。不仅一些海豚生活在河口、淡水湖和河流中，而且它们的猎物，如鲑鱼，也沿河而上迁徙到森林深处。我曾在不列颠哥伦比亚省沿岸与食鱼的居留型虎鲸相处了几年，那时候，我站在鲑鱼丰富的河口中间观看这些鱼产卵，并想知道上游的伐木是否会影响它们的健康并导致它们的减少。

今天，在大规模伐木、筑坝和捕鱼造成严重损失之后，不列颠哥伦比亚省沿海的鲑鱼洄游数量大约只有其高峰期的一半。食物供应的减少是否影响了虎鲸，改变了它们的迁移模式，迫使它们扩大活动范围，限制了它们的繁殖成功率？鲑鱼养殖场以及来自船舶交通和油气勘探越来越大的噪声在多大程度上导致了生态系统的部分衰退？多种因素造成了南部虎鲸群落被宣布为"濒危"，食物供应问题和在不健康环境中寻找和捕捉猎物的挑战是部分原因。

1999 年，我与俄罗斯海洋哺乳动物生物学家亚历山大·伯丁（Alexander Burdin）和日本研究员佐藤朝（Hal Sato）共同创立了远东俄罗斯虎鲸项目（FEROP），研究俄罗斯远东地区堪察加半岛和科曼多尔群岛（也叫作"指挥官群岛"）的虎鲸和其他海洋哺乳动物。在野外的每一天，项目团队都可能遇到海獭、北方海狗、斯氏海狮和多达 6 种鲑鱼。所有这些物种都是以哺乳动物为食的过客型虎鲸和以鱼为食的居留型虎鲸的食物。所有这些物种都共同生活在相互依存的关系中，从沿海水域延伸一直进入河口并沿河而上。如果河流流域受污染，树木遭砍伐，为水力发电而在河上筑坝，鲑鱼就无法产卵。如果水质下降，其影响最终会显现在开阔海域，并且整个生态系统会开始退化。

到 2007 年，我们开始注意到，在堪察加半岛周围的一些地区，过度的局地捕鱼活动似乎已经改变了虎鲸的迁移模式。2008 年，我们的俄罗斯团队将长期研究的方向从堪察加海岸的开放性无保护水域转向了俄罗斯水域最大的海洋保护区，即阿拉斯加阿留申群岛链最西端之外的科曼多尔群岛国家生物圈保护区。同时，我们把工作范围扩大到包括其他物种的鲸鱼和更大的生态系统，目标是收集这一生态系统在相对原始状态下的详细数据，这些数据可以作为一个基线来衡量我们在这里和未来在北极水域其他地区可能看到的衰退。

在大多数情况下，科曼多尔群岛的虎鲸、座头鲸、贝氏喙鲸（*Berardius bairdii*）、白腰鼠海豚和港湾鼠海豚、海狗、海獭与其他物种拥有健康规模的种群，并相对保持着不受干扰的状态。我们的任务是尝试量化所有这些动物如何使用它们的栖息地。哪些栖息地对于觅食、繁殖、哺乳、养育幼崽和其他社会活动是重要的？如果我们能收集到海洋哺乳动物种群的数据，并让研究它们的科研人员参与进来，那么我们就能界定它们的重要栖息地，并决定其生态系统所需的保护级别和程度。

1992 年在委内瑞拉举行的世界公园大会上，我提交了一篇关于鲸鱼、海豚和鼠海豚海洋保护区的论文，旨在评估鲸鱼栖息地保护的现状，并试图设想其未来的漫长道路。我举出了三个案例研究，包括保护墨西哥灰鲸的斯卡蒙潟湖，保护温哥华岛虎鲸的罗布森湾，以及印度洋鲸鱼保护区——一个国际捕鲸委员会为所有鲸鱼设立的禁猎区。当时，全世界只有几十个旨在保护鲸鱼栖息地的地区。虽然会议上宣读了数百篇关于海洋的论文，但只有另外一篇提到了鲸鱼和海豚，甚至没有一篇论文提出对大型海洋保护区的需求。那时，无论规模大小，唯一的海洋保护区就是澳大利亚的大堡礁海洋公园。

到了今天，我们发现在 100 多个国家的水域中，有超过 650 个现有的海洋保护区，保护着鲸鱼和海豚的栖息地。另外还有 200 个区域已经被提议。即便如此，这些区域还是只认定了海洋中鲸鱼栖息地的一小部分。这是一个开始，我们仍然不能确定最重要的栖息地已经受到保护。

所有海洋保护区的情况都与此类似。截至 2021 年，有超过 17 000 个海洋保护区，涉及广泛的物种和生态系统。听起来像是一

两头成年雄性虎鲸在堪察加火山的阴影下浮出水面。2013 年，对虎鲸的长期照片识别和声学及栖息地研究——由作者埃里克·霍伊特创立的远东俄罗斯虎鲸项目的一部分——使堪察加东南沿海水域被接受为《生物多样性公约》规定的具有重要生态或生物意义的区域。

个鼓舞人心的数字，但从保护的水面面积来看，它只占海洋的 7%。这与陆地上 16% 的保护面积以及 2010 年在日本名古屋举行的生物多样性大会上 100 多个国家达成的"到 2020 年达到 10%"的海洋保护区最低目标相差甚远。

关于海洋保护区必须考虑三点。首先，17 000 个海洋保护区中有多少实际上只是纸上谈兵？诚然，所有的海洋保护区都是从想法开始的，而且许多海洋保护区仍然处于建设的早期阶段。在大多数情况下，我们不应过于苛责，因为在社区以及国家中建立对良好保护的支持需要时间。但至关重要的是，要把那些尚未开始运作的纸面上的海洋保护区付诸实施。这不仅需要坚定的努力来建立一个同心协力的社区，还需要专门的资金来实施管理计划，以确保现有的区域变得有效，甚至还需要更多的工作来设计和实现更多的海洋保护区，以确保良好的海洋保护。

第二，到目前为止，几乎所有设定的海洋保护区都位于距海岸 370 千米以内的国家水域中。这是海洋的热点区域，但随着企业和国家对国家水域进行油气以及潮汐力和风力的开发，扩大娱乐活动，耗尽鱼类资源，我们所关注的区域必须离海岸越来越远。

海洋的前沿是国家水域以外的公海，它占了海洋表面的一半以上，长期以来是全球的公共领域，在很大程度上仍然是一个不受任何限制、万物皆可自由行事的地方，由地球上受保护最少的生态系统组成，仅仅因其相对难以接近而幸免于过度开发。然而，公海上的航运交通纵横交错，地图上的界线分别由油气公司、世界上的捕鱼国以及希望全球公域的某些部分能够保持健康的自然保护主义者画出。目前，公海上只有为数不多的几个海洋保护区，占海洋表面积的 1%。这只是有效保护所需的一小部分而已。

然而，也有一些好消息。一个建立公海海洋保护区的法律机制正在通过联合国进行商谈。同时，《生物多样性公约》正在领导一个科学进程，在整个世界海洋中逐一选择具有重要生态或生物意义的区域。国际自然保护联盟（IUCN）也提议在全世界范围内建立海洋关键生物多样性区域（KBA）。我和朱塞佩·诺塔巴尔托洛·迪·夏

拉共同创立并共同负责一个 IUCN 海洋哺乳动物保护区特别工作组，我们已经制定了一个健全的同行评审程序，使用"重要海洋哺乳动物区"（IMMA）这一新名称来认定海洋哺乳动物栖息地。我们的 IMMA 秘书处由 9 名科学家、生态学家和地理信息系统专家组成，自 2016 年以来，他们已经在 6 个区域研讨会上与 200 位海洋哺乳动物科学家合作。我们已经确定了 159 个"重要海洋哺乳动物区"，占世界海洋的 34%，大部分在南半球。2021 年以后，重点将更多地转移到北半球，并朝着将"重要海洋哺乳动物区"作为海洋保护区和其他保护工具来践行的方向努力。"重要海洋哺乳动物区"工作的赞助主要由德国和法国政府提供，此外还通过小型基金会和保护团体，包括特提斯研究所、鲸鱼和海豚保护组织、MAVA 基金会、摩纳哥基金会、动物福利研究所、美国自然资源保护委员会和其他机构，工作成果正在被科学家、保护团体、政府、行业和国际协定采用。

国际鸟类协会开展了更多的远洋和公海工作，已经绘制了超过 3 000 个批准的、提议的和候选的海洋重要鸟类和生物多样性区域，遍布整个海洋，有 400 多个位于公海中。这些区域包括海鸟繁殖地、繁殖地周围的觅食区、非繁殖聚集区、迁徙瓶颈和远洋物种觅食区。由于鲸鱼和海豚经常在海洋表面附近与海鸟一起觅食，一些海洋重要鸟类和生物多样性区域也可能是重要海洋哺乳动物区。

不列颠哥伦比亚大学的渔业中心，还有特别是该大学"我们周围的海洋"项目，都对渔业和更广泛的海洋保护问题进行独立研究。在 2007 年的一篇论文中，渔业经济学家拉希德·苏迈拉

阳光在一头浮出水面的雄性贝氏喙鲸突出的前齿上闪烁着。由鲸鱼和海豚保护组织以及其他组织赞助，由研究人员奥尔加·菲拉托娃（Olga Filatova）、伊万·费杜廷（Ivan Fedutin）、亚历山大·伯丁和埃里克·霍伊特领导的一个俄罗斯研究小组正在对俄罗斯最大的海洋保护区——科曼多尔群岛国家生物圈保护区内的贝氏喙鲸在它们深水栖息地的社会结构进行首次深入研究。

> 我们已经探索了大约 1% 的深海领域，对那里物种的了解比对地球上任何其他栖息地的物种都少。然而，尽管我们对这些丰富的生态系统一无所知，但罗比森认为"威胁它们继续存在的隐患不但众多，而且还在增加"。

（Rashid Sumaila）和他在渔业中心的同事分析了公海上海洋保护区的成本和收益。他们发现，关闭 20% 的公海，禁止一切捕鱼，意味着每年只损失 1.8% 的渔获量，利润减少约 2.7 亿美元，但是收益将远超损失。苏迈拉和他的同事们写道："通过确保在公海和深海中不发生物种灭绝，不丧失瑰丽的海洋多样性，同时为造福当代和后代而保护诸多市场和非市场价值，国际社会也可以极大受益。"

除了海洋保护区一类的解决方案，芭芭拉·布洛克和太平洋捕食动物追踪项目建议采用基于生态系统的管理，以保护加利福尼亚洋流大型海洋生态系统内的大型捕食动物栖息地，包括太平洋美国和墨西哥水域以及公海。TOPP 还提议建立一个跨越整个北太平洋过渡区的保护走廊，以涵盖"关键的生态觅食热点和连接东、西太平洋盆地的跨洋迁徙动物的迁徙走廊。如果不积极地对这些资源进行分区和有效管理，那么它们所支持的捕食动物数量将减少，这一开阔海域原生态的生物多样性将无可挽回地丧失，并没有任何替代"。

最后，我们应该记住，海洋保护工作主要聚焦于保护生活在最上层水域，也就是海洋表面的哺乳动物、鸟类和鱼类物种。即便如此，海底也得到了一些关心。例如，自 2004 年以来，深海保护联盟（DSCC）一直致力于解决公海上的底拖网渔业问题，因为底拖网捕捞对海底栖息地的破坏性极大。事实上，深海保护联盟已经成功获得了联合国的决议案，并正在努力将其付诸实施。还剩下水面和海底之间，占地球上 90% 生活空间的中间水域。在保护措施方面，这一广阔的空间几乎完全被忽视了。按照谢菲尔德大学海洋生态学家托马斯·J. 韦伯（Thomas J. Webb）及其同事的说法，深海

远洋带仍然是"生物多样性的巨大秘密"。

2009 年，蒙特利湾水族馆研究所的生物学家布鲁斯·H. 罗比森（Bruce H. Robison）提醒科学界，需要更多地考虑被忽视的海洋水层。他写道："深海是我们星球上一些最大的生态系统所在地，这一广阔领域可能包含了生物世界中最多的动物物种、最大的生物量和最多的单个生物体。"

罗比森指出，我们已经探索了大约 1% 的深海领域，对那里物种的了解比对地球上任何其他栖息地的物种都少。然而，尽管我们对这些丰富的生态系统一无所知，但罗比森认为"威胁它们继续存在的隐患不但众多，而且还在增加"。他进一步警告说："保护深海远洋带的生物多样性是一个全球性问题，但从未得到全面解决。这些威胁的潜在影响包括整个生态系统的广泛重组、许多物种地理范围的变化、大规模分类单元的淘汰和所有层面上生物多样性的下降。"

罗比森强调了基线研究和精心设计的有效海洋保护区的必要性，它们迄今为止主要集中在表层水域和底栖生境。在海面上勾画出的海洋保护区界限可能意味着延伸至海底的保护范围，但如果没有一个专门应对中到深层水域物种保护挑战的管理计划，海洋保护

一头腹囊里装满磷虾和水的雌性蓝鲸在水面侧翻过来，她要在吞下捕获的美食之前将水排出。2012 年，经过鲸鱼和海豚保护组织以及其他保护团体的努力，哥斯达黎加圆突区的特殊蓝鲸栖息地被宣布为具有重要生态或生物意义的区域。哥斯达黎加圆突区也正被哥斯达黎加保护组织 MarViva 提议设定为海洋保护区。

区实际上只是皮毛而已。

罗比森的呼吁基于他自己多年的研究，研究旨在了解"地球上最大的动物延伸到海底那巨舌般缓慢舔舐着一切、四处蔓延的深水中，又最终在水柱中升群落，其成员适应的是一个没有固定边界的流动三维世界"。这指明了科学家工作的未来。

保护生态系统的三维方法扩展了我们基本上是二维的思考方式。当我们提议建立陆地上的国家公园或海洋保护区时，我们极少考虑地面之上的天空或海面之下的海洋。然而，海洋保护不仅必须是三维的，而且得是四维的，因为它还必须包含时间因素。为了使保护工作在不断变化的海洋中发挥作用，我们必须讨论保护海洋物种和生态系统，以及为海洋中数量如此庞大、种类如此多样的生命创造条件的季节性、周期性，有时甚至是一瞬间的海洋过程。这些过程是随时间变化的，始于海洋中由风、水流和地理力量推动产生的巨大洋流、海洋锋，以及浩大的上升流，小生物随之被带到海面，为大型鲸鱼提供食物。因此，当涉及海洋保护时，我们最好考虑一项四维的事业，重点是第三和第四维。

在与国际自然保护联盟的同事一起工作期间，我学到了很多关于海洋保护的内部运作。在制定保护方案时，主要关注是受威胁的物种，其次是它们所属的生态系统。当然，也需要考虑优先次序，根据国际自然保护联盟红色名录的评级，处于濒危、易危或近危的物种需要立即关注。然而，海洋中大多数的物种，即使属于海洋哺乳动物这样相对知名的群体，也都落在国际自然保护联盟的"数据缺失"一类中。这些物种和各类受威胁物种一样值得关注，主要是我们对它们的信息掌握得太少，导致甚至无法进行评级。

还有一个问题，就是被国际自然保护联盟评为"最不关注"的物种，它们也应该在海洋保护中占一席之地。除非我们能够保护基本不受影响的生态系统中物种的栖息地，否则我们将永远不知道这些生态系统是如何运作的。如果不主动保护这些更接近原始的地区，那么将来，对于那些被过度用于捕鱼以及开采矿物和油气的区域，我们就会面临恢复生态学的难题。正如爱德华·威尔逊所说，一个准备修表的钟表匠的首要工作是保留所有零件，并保证它们的安全。但如果我们甚至不知道所有零件包括哪些呢？海洋中数量庞大的未知和未命名物种就是我们所面临的情况，我们必须积极主动地保护这一未知的多样性。要做到这一点，唯一的办法就是留出极为广大、组成整个生态系统的海洋栖息地，这会占据海洋的很大部分。我们要守住这些地方，使它们成为永不被人类活动触及的海洋原生带。

随着人们对海洋进行大范围的系统探索和资源开采，这种思考和规划早该进入油气公司和其他行业的董事会会议室，并成为与政府、渔船队和世界各国海军讨论的一部分，因为曾经的原始海洋正被一片一片拆解得七零八落。

2021年1月，继"联合国海洋科学促进可持续发展十年（2021—2030）"计划启动后，一个300位科学家和海洋爱好者的小组举行了一场线上研讨会，讨论如何激发对海洋科学和海洋保护的支持。科学家可以出力，但资助者、公众和政府会支持吗？该研讨会题为"在不断变化的海洋中观察生命：探索今天的海洋生物普查"。

主旨发言人杰西·奥苏贝尔（Jesse Ausubel）在20年前帮助启动了海洋生物普查，他提醒由视频会议软件连接在线的小组："做有远见的事情既需要想法，又需要肯出钱的人。我们需要群策群力做这件事，让整体大于部分之和。我们需要人们支持这项工作，就像人们支持太空计划一样。我们必须与艺术和人文学科合作，以帮助我们传播海洋科学并激励世界。"

奥苏贝尔与发言人丹·科斯塔（Dan Costa）、马努·普拉卡什（Manu Prakash）、萨拉·本德（Sara Bender）、希瑟·林奇（Heather Lynch）等人一起强调，这不仅仅是识别和统计的科学。这一次，焦点应该是确定物种如何生活，它们的丰度、所受威胁以及我们如何调动大众作为公民科学家来了解和帮助拯救海洋。所有这些在新冠疫情肆虐的世界里都将需要巨大的努力。现在，拯救海洋和地球已经成为首要任务，是解决气候紧急状况和生物多样性消亡双重危机的一部分。

◆

决定我们心目中海洋的面貌，或是生活在水母的包围圈中

对于罗比森的加快基础研究和建立海洋保护区的呼吁、保罗·斯内尔格罗夫和沃德·阿佩尔坦斯为寻找和评估更多物种所做的努力，以及威尔逊关于保存所有资源的意见来说，只有一个问题，那就是人为造成海洋的某些部分退化和分崩离析的速度比我们能研究或拯救它们的速度还要快。给予生命的海洋自身正在发生变化。同时，有些东西正在入侵并接管海洋。听起来很不祥？但它正在发生。

20世纪50年代，5岁的我开始每年和家人去海边度假。我会去冲浪，同时担心着水下会有什么东西夹住或咬上我的脚趾；在海滩上，我避开水母，躺在阳光下，而到了晚上则去玩游乐园的各种设施，还大吃快餐和冰淇淋。地点是美国新泽西州的大西洋城，不过其实大西洋或太平洋两岸的任何海滨度假胜地都差不多。

最重要的是，当我们全家每年不惜旅行数百千米从内陆的家去到海边时，大西洋那清新带有咸腥味的海风使我下定了决心，长大后绝不住在嗅不到新鲜海风、听不到海鸥叫声的地方。在我离家后的50多年里，我几乎一直保持着这一决心，住过加拿大和美国东西两岸以及苏格兰和英格兰沿岸的许多地方。

在这段时间里，我与海洋的关系加深了。我不是在某个沿海社区生活和工作，就是在海上考察，研究加拿大、俄罗斯和日本的鲸鱼和海豚。我参加过各种各样的海洋学考察，例如有一年3月在挪

这些"捕风水手"——帆水母（*Velella velella*）是水母的近亲，经常被集体吹到浅水区或海滩上。通常不到7.6厘米长，每只帆水母都是一个自成一体的螅体群落，包含饥饿的水螅体。水螅体们以浮游生物为食，并支持这一群落有机体的其余部分。

威一格陵兰海进行的一次令人振奋的冬季巡航，当时我们不得不日复一日地突破一米厚的冰层。我曾经计算过，从我20多岁时在温哥华岛北部研究虎鲸的首个夏天起，我已经愉快地度过了总共至少30个月的海上生活。

童年的海边时光早已远去，那时我会躲避水母，担心夹人的螃蟹或咬人的鱼。而现在，我专门寻找夹人的、咬人的，还有那些刺人的家伙，尽管大多数海洋生物对人类来说根本没有任何伤害。我确实有我的最爱，而且试着不以它们是否能给人类带来持续或严重的痛苦甚至死亡来判断它们的好坏。但伤害环境则是另一回事。在种类有限的浮游生物世界里，水母五花八门，它们也有自己的拥护者。水母是如此特别，它们可以充满狂野的异国情调，也可以是花里胡哨、美丽动人的。孤独漂浮于海洋中层带或深海幽暗中的水母就是光明和生命的灯塔。但是，与任何其他海洋动物群体相比，大量堵塞海洋的水母是最显著的问题信号，简直就是严重问题的红牌警告。

这些日子里，我最喜欢的东西之一是一个袖珍深海物种指南，涵盖26 417个已知的深海物种，我到哪里都带着它。它不是一本书，而是一个离线手机应用程序，名为"深海识别卡"，由伦敦的自然历史博物馆开发，包含相当于数千页书的内容。这一程序基于世界深海物种登记册（WoRDSS），而该登记册又是由海洋生物普查建立的世界海洋物种登记册的一部分。

"深海识别卡"把深海放在你的衣兜里，像一本专注于深海的便利版《生命百科全书》。里面主要是为在野外工作的研究人员、需要快速获取分类信息的实验室工作人员和业余爱好者提供的资源，但任何人都可以使用它。就其性质而言，这个免费的应用程序将需要不断更新，但即使海洋物种的数量急剧扩大，也仍然可以通过手机上的一个应用程序获得。

当更仔细地察看"深海识别卡"中收录的众多物种时，令我震惊的是被拍摄的物种之少。目前，描绘单个物种的高分辨率照片只有700张。26 417个"深海识别卡"条目包括分类信息，并在进化树中进行了整齐的分类，但许多条目缺乏完整的资料——不仅缺乏照片或插图，而且没有常用名或具体数据能使爱好深海但又并非深海专家的用户理解他们正在阅读的内容。这就是生活在知识前沿的挑战！

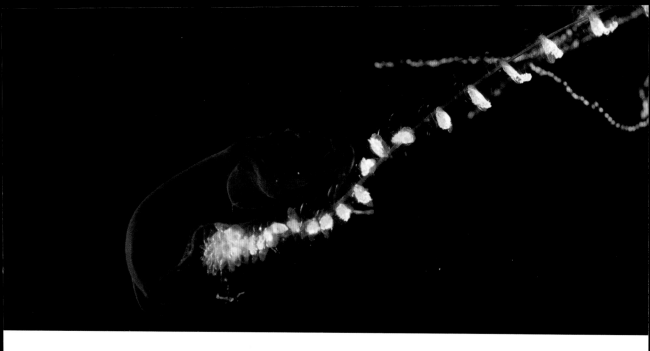

翻到"深海识别卡"中所有的水母页面，我惊叹于这种生物的精致之美，那透明如蝉翼的薄膜，优雅、有时却致命的触手（这一特征对好奇的捕食者有时深具诱惑力），以及被动但阴险的伺机狩猎策略，无不体现出自然的巧思。但我停下来反思了一下。考虑到深海的整体，这里包含的水母物种范围并不大，只是深海丰富内涵的九牛一毛。但是，如果这些成了我的应用程序中唯一的页面，如果所有非水母的页面只写着"极度濒危"或"已灭绝"，并且基本只是作为曾经海洋的记录而具有历史价值，那会怎样？

研究员丽莎-安·格什温（Lisa-ann Gershwin）花了很长时间来思考和论述水母以及海洋的现状。作为世界上为数不多的水母专家之一，她的职责不同寻常，研究的是一个显然处于上升期的海洋物种。喙鲸专家必须一次远航数周或数月，同时保持极大的耐心，希望他所研究的物种出现，而大王酸浆鱿权威可能从未在野外见过自己的研究对象，格什温却不同，她在工作时根本无需走得太远，而且永远不会失业。但她看到的不仅仅是水母。每天在野外，格什温都注意到人类影响海洋的证据，从当地的过度捕捞到最大范围的全球变暖。在她的《被蜇！关于水母增殖和海洋的未来》(*Stung! On Jellyfish Blooms and the Future of the Ocean*) 一书中，格什温描绘了一幅广阔海洋被大面积"翻转"为水母统治的生态系统的画面。

格什温说，大规模水母"开花"（即增殖）正在越来越多的地

2006年马尾藻海海洋浮游动物普查航行发现了这种奇怪的生物：玫瑰水母属（*Rosacea*）的群落型的管水母。管水母类似水母，一只管水母由多个单元组成，每个单元都有专门的功能，如游泳、摄食或繁殖。一些管水母长得非常大，触手可长达50米。

决定我们心目中海洋的面貌，或是生活在水母的包围圈中

海月水母在世界海洋中都有
发现,有时看似占领了整个
海洋。它以浮游软体动物和
甲壳类动物、被囊动物幼
体、幼小的多毛纲动物、原
生动物、硅藻、鱼卵与其他
小型生物,以及凝胶状的水
螅水母类和栉水母类为食。
它们的幼体和成体都有覆盖
着刺丝囊的触手,用以捕获
猎物和保护自己不受捕食者
的伤害。

区出现。2011 年，不列颠哥伦比亚大学的硕士生卢卡斯·布罗兹（Lucas Brotz）检查了世界 66 个大型海洋生态系统中 45 个的数据，发现其中 31 个显示水母在增加。布罗兹与格什温一样发现水母增殖与人类活动之间存在强大的关联。水母正在快速而疯狂地繁殖，而在大多数地区，唯一的原因是它的天敌——蠵龟、鲀鱼和其他各种鱼类——减少了。但水母的捕食者并不多，并且在某些方面，正如格什温所说，水母本身也可以被认为是顶级捕食者，这是因为水母能进行"双重打击"——它们捕食多种多样的其他海洋物种，并且在竞争中消灭对手。它们不仅吃鱼的猎物，而且还以鱼的幼体为食，限制了陷入困境的商业鱼类或其他鱼类种群的恢复。水母主导的海洋生态系统将很难逆转。格什温说："一旦水母通过这种捕食和竞争的双重打击获得控制权，它们就能保持住这种控制。"

如果没有捕食者，那什么能控制水母呢？格什温解释说，对水母种群的控制主要来自自下而上的力量，如温度、盐度、食物来源和空间的可用性。但是，没有捕食者，并且随着其他海洋物种数量的减少所带来的竞争减少，"水母的数量可以不受限制地激增。"格什温说，"由于水母的新陈代谢低，一次水母增殖的总生物量可以相当迅速和容易地超过生态系统中其他物种的总生物量。"

就在我写这篇文章的同时，水母正继续蔓延，缓慢但肯定地赢得了海洋中的空间争夺战。水母带来的伤害当然很多，格什温在她的书中用了三个长长的附录来详述世界各地的水母干扰拖网捕捞、海水脱盐以及干扰发电厂运转，从而导致紧急关闭的事件。我在 2011 年 6 月下旬目睹了其中的一个事件，当时在苏格兰，离我的住处几千米远的托尼斯核电站反应堆不得不关闭几天，因为该电站被海月水母（Aurelia aurita）包围了。整整用了三艘拖网渔船上的渔民才将水面清理干净。在美国、韩国、日本和其他国家也发生过核电站事件，包括水母堵塞冷却系统过滤器或海水进水管道，有时导致核电站关闭超过一周。

虽然水母对海里的游泳者、冲浪者和船员来说可能只是一种烦扰，但它们有极大可能制造更严重的破坏。它们的存在可以影响全世界海滨社区的经济，还可能对世界食品供应和海洋生态系统的未来健康产生巨大影响。

当海洋的平衡被打破、水开始变得更暖更酸、太多鱼类和其他海洋物种从生态系统中消亡、水中的氧气减少时，水母会趁虚而入，其程度比任何其他物种或生物群体更严重。水母已经开始接管海洋世界，而剩下的少数捕食性鱼类和海龟完全不足以阻止这一狂潮。各种水母物种的范围已经从浅水区拓展到了深海，并通过水柱下降到更深处。它们在温暖和寒冷的水域都能生活。在整个世界海洋中——无论是更热的、更冷的、更酸的、压强更大的、有光或无光的——都有水母准备进驻并安家立业。

即使南极也不能幸免于改变。在 2009—2011 年沿亚南极东斯科舍洋脊进行的热液喷口考察中，亚历克斯·罗杰斯在他的样本中找到了塑料污染的证据。2013 年 11 月，在牛津大学萨默维尔学院举行的全球海洋委员会辩论会上，罗杰斯谈到了令人担忧的海洋现况："我们在世界海洋各处都正见到气候变化的证据。这表现在三个方面，一个是温度，另一个是酸化，最后是海洋中氧气水平的降低。"

罗杰斯引用了《自然气候变化》(*Nature Climate Change*) 杂

躲在上图这只水母旁边的年幼鲭鱼即将失去庇护，因为一只饥饿的绿海龟（*Chelonia mydas*）正要把它所藏身的水母吃掉。海龟和其他水母的捕食者在整个世界海洋中正在减少。

志上的一项研究，该研究汇编了对众多海洋物种进行的1 700多个长期观察，从藻类到北极熊不等。由此产生的论文有着不祥的标题：《气候变化对海洋生物的全球性影响》(*Global imprint of climate change on marine life*)。文中说，80%的被研究物种都正在范围、数量和行为上发生变化，植物和浮游动物的变化最大，而这些变化正是科学家们一直预期的气候变化的结果。在某种程度上，浮游生物可以真的"随波逐流"是件好事，随着海水变暖，它们可以朝南北两极方向漂得更远。但也有一个重大的影响：迁徙的海鸟、鱼类和蓝鲸可能会错过途中摄食浮游生物的时机。许多动物的时间表都很紧。如果它们在漫长的迁徙之后，在繁殖或开始其他生活事件之前不能获得营养和增加体重，那么它们的繁殖年限甚至生命都可能结束。有些生物能调整它们的行为，有些则不容易适应，因而结局可能就是进入博物馆和变成化石记录。

浮游动物世界的情况也在发生变化。在南极，由于过度捕捞，以及生活在海冰边缘的年幼磷虾，其栖息地因海冰融化而减少，磷虾的数量正在缩减，这导致生态系统中桡足类动物的数量不断增加并取代磷虾。桡足类动物是世界各地许多食物网的关键，但在南极，磷虾才是基本物种。从企鹅、海鸟、大型鱼类、海豹到南极地区正在恢复的庞大鲸鱼种群，一切都依赖于磷虾。一些鱼类、鸟类和至少一种鲸鱼，即露脊鲸，确实偏爱桡足类，但在南极的野生寒冷水域，动物需要更丰富的食物来源，而磷虾的大小和营养含量是桡足类的100多倍。

碰巧的是，南极桡足类动物也完美合乎南极水母的胃口。水母大军正来势汹汹，疯狂地繁殖和扩张。如果它们成功支配了南极生态系统，那么庞大的企鹅和海鸟群就会面临饥荒，海豹甚至鲸鱼也都可能饿瘦，最终变得衰弱不堪。其中一些物种常年生活在南极，而其他物种，如座头鲸、小须鲸和塞鲸，则专门为了大快朵颐而长途跋涉来到这里。几年食物匮乏对南极海域的改变可能会比20世纪中期密集捕鲸导致的南大洋长须鲸、蓝鲸和其他鲸鱼物种数量锐减的情况还要深刻。

有什么东西能与水母共存吗？当然，微生物可以。事实上，一些古菌在水母可能长期存在的那种高温、酸性的海洋中能活得很好。某些微生物已经在与水母发展关系，为它们提供光，水母借此把猎物或过于好奇的过路者引入它的触手陷阱。

然后是藻类。格什温用肉眼可见的物种描绘出未来的海洋图景："没有珊瑚礁……没有庞大的鲸鱼或摇摇摆摆的企鹅。没有龙虾或牡蛎。寿司上也没有鱼。取而代之的是蓝绿藻、翠绿藻、金黄藻、闪烁的蓝藻、赤潮、褐潮和水母。一望无际的水母。"

是什么在改变海洋？事实上，不是水母，也不是微生物。在大多数情况下，是你和我，不仅仅是那些出海或住在海边或把海洋当作垃圾场的人，而是所有依靠海洋获得部分他们所需的蛋白质、能源、交通甚至是惊奇感的人。如果海洋能够通过更新我们夺走的东西（鱼类和其他物种）或被工业破坏的东西（鱼类和其他物种的栖息地）来实现复兴，那么我们的所作所为在某种程度上也许还可以接受。但是，我们正在耗尽海洋抵御我们侵害的自然能力，自2020年以来，我们正在受害于所有在新冠疫情大流行中进入海洋的洗涤剂、化学品和塑料垃圾。同时，由于我们的作为和不作为，另一类物种——水母——正趁虚而入，利用海洋，也利用我们。

我们想要什么样的海洋？当我们去游泳、潜水、冲浪、航行、看鲸鱼、抓鱼或吃海鲜拼盘时，满目都是水母？不再是观鲸游，而是观水母游？一个充满"水母奇观"的海洋？一个不再能提供食物、不再丰产的海洋？一个不再能吸收大气中越来越多的二氧化碳的酸浴池？海边的水母寿司和水母加薯条店，这就是海洋对我们的全部意义吗？还是我们想为拥有一个众多生物神奇生活在健康生态系统中的海洋，一个我们可以骄傲地展示给我们的孩子以及子孙后代的鲜活丰富的海洋而努力？

有一天，我们也许可以租一艘潜水艇，就像租车一样去参观深海。也许那时我们会真正欣赏到我们无法想象的99%的海洋是什么样子。当游览我们最近的海滨城市时，除了游泳、日光浴和游乐园设施的诱惑，也可能有机会让爱冒险的人进行一次真正的海下旅行。让我们希望，在这一时刻到来时，除了水母，还有更多的东西可以看。生物多样性并不只带给我们一个最有趣的海洋。生物多样性和丰富的生命等于一个健康的海洋。

◆

后 记

在海沟的岩石和沉积物中，在遥远、未被发现的部分深渊丘陵和平原之上的水柱中，还潜藏着多少深海的生灵？除了尚未发现的数以百万计的微生物之外，可能也会有一些大型动物群。我们现在已经绘制了20%海底的地图，但只研究了可能接近1%甚至更少的从海底到表层的水柱。我们还有太多需要学习。但是，无论物种的种类有多丰富，我们与每一种海洋生物都有共同的基因。在这方面，我们与所有深海生物共享生命的奥秘。

地球年轻时，也许只有一个原始大陆，而古菌和其他原始生命形式很可能出现在深海喷口周围过热水的边缘。深海很可能是最早的实验室，是生命的第一个试验场。

因此，我们也要到海底去寻找我们自己。

我正斜倚在多米尼加共和国东北部的一条渔船上，这是一次观鲸之旅，但鲸鱼无处可寻，而我的思绪，就像这条吱咯作响的船一样四处漂移。热带的骄阳奋力穿透海边的低沉雾气。在几千米外，晨光中的海洋变得活跃起来，但还不至于让人感到不适。船长喊出了我们的坐标：北纬 19 度 55 分，西经 65 度 27 分，我们快到了。我一直在等待这一刻，在这一刻我可以说我正处于大西洋最深的部分——波多黎各海沟——的正上方。它的深度超过 8 千米，没有太平洋的挑战者深渊深，但也因此探访者较少，知名度更低。

在规定的时刻，船长关掉引擎，船滑行了一会儿，摇摇晃晃地慢慢停了下来。在热带地区的大多数日子里，海浪轻拍船舷的声音足以让我睡个平静的午觉了。但这一次，我无法赶走脑海中兴奋的

海月水母进入混乱的水域并取代其他生物，最终使其他物种难以生存和繁殖。

想法——我此刻正离海洋中最深的坑之一如此之近。

我脑子里突然灵光一现：要想成为第一个在这里触底的人是多么容易啊。不同于花费数百万美元并需要多年训练的登月之旅，或需要资助和登山技能的登顶珠穆朗玛峰，此刻探访波多黎各海沟只用系上几条负重带，轻轻从船甲板上滑下去。这可能需要几个小时，但我可以在晚饭时就到达海底，成为第一个无帮助到达超深渊带深处的人。

当我到达时，海参会热烈欢迎我，很快就会有奇怪的海星加入，也许还有一两只属于新科学发现的螃蟹。然后，我将和我的小跟班们一起沿着俯冲区漫步，也许会偶然发现一个热液喷口的遗迹。用海王尼普顿的权杖拨动余烬，我就能找到新种类的贻贝、盲虾和顽强的古菌等。这一美妙的奇幻感受会是"深海的狂喜"，完全不是库斯托所说的氮醉状态，那是潜得太深的后果，而我将经历的是真正的狂喜。

不过现实很快打碎了我的幻想。超深渊带的海沟离我似乎很近，但又似乎遥不可及。到达海沟的底部很容易，关键在于，不但要到达那里，还要活着回到水面。

即使有潜水艇，到达海底的技术挑战有时也被证明比坐航天飞机上天、访问空间站和登月更难以掌握。詹姆斯·卡梅隆下了很大决心才实现了他下潜到挑战者深渊的梦想。但是有一天，我们会发展出必要的技术，让人类探索海洋的中层和深层水域，就像我们现今在海面上乘坐游船一样。它可以像理查德·布兰森和其他人已经在售票的有计划的太空之旅一样发展。深海仍然是最后的前沿，然而有一天，我相信我们会在那里度假，也许是为了逃避城市的炎热和潮湿，回到我们在海洋中的进化之源，或者是在某种程度上摆脱海平面上生活的压力。

然而，在可预见的未来，这将只是一场由前沿科学提供信息的想象之旅而已。我们可以在想象中游泳或者乘潜水器，一往无前地奔向海底，其间探索每一个水层。在想象中，我们可以与我们的海洋地球和它的深海生物重续前缘，因为我们自身正来自这片海洋。

一只座头鲸跃出水面，像飞翔一般，表达着纯粹的快乐。它正在享受当下。

我们可以考虑自身与古菌的关系，聆听那些为我们讲述精彩故事的科学家。在未来几十年里，深海可以帮我们重新发现我们自己的水之星球的各种神秘，揭开它的未解之谜。目前，我们只能满足于把这样一场想象之旅作为一生难忘的经验，同时我们也在等待技术发展能使我们有朝一日能真正将这场旅行付诸实践。

此时，我的遐想被打断了，一只水母悠闲地乘着水流漂进了我的视野。起初只有这一只。它大胆地乘风破浪，展示着自己的色彩。但在它身后，我立刻看到了一整个水母舰队。几分钟后，水母照亮了下面的水柱中。它们全都一模一样，如同一支前进中的军队，无心、无情，还充满威胁。这些是真正的海中怪物吗？有一点是肯定的，如果水母真的占领了海洋，那么我们都熟悉和喜爱的传统"怪物"，从鲨鱼、鱿鱼到鲸鱼，就算不被扫进垃圾堆，也会被排挤到海底的犄角旮旯，成为淤泥的一部分。深海生物的伟大时代将基本结束。

在10分钟内，水母全都消失了，被水流带去其他地方继续做它们自己的事去了。与此同时，我听到一首古老的旋律，一个大提琴乐队在测试最低弦上的颤音，透过水流和这艘木船底部的共振传递上来，就像一首熟悉的歌：深蓝海洋中最甜美的歌曲。

一头巨大的雌性座头鲸，身上缀满厚厚的藤壶，从深黑的海中直冲上来，打破波光粼粼的水面，进入斑驳的蓝色视野。它抬起头，向天空喷出的水汽把我们所有人都淋得透湿，接着它又猛吸一大口气，沉入海底。发生的一切都太快，几乎不给我们喘息之机。半分钟后，它又一跃而起，整个庞大身躯赫然在目，离船只有一箭之遥，给我们展现了一个精彩的全身出水，饱含当下的欢愉。此时此刻，这才是我的海洋。

图片来源